建筑电气工程师技术丛书

建筑通信系统

芮静康 主编
余发山 王福忠 吴冰 副主编

中国建筑工业出版社

图书在版编目（CIP）数据

建筑通信系统/芮静康主编．—北京：中国建筑工业出版社，2006
（建筑电气工程师技术丛书）
ISBN 7-112-08786-4

Ⅰ.建… Ⅱ.芮… Ⅲ.建筑-通信系统 Ⅳ.TU855

中国版本图书馆 CIP 数据核字（2006）第 116954 号

建筑电气工程师技术丛书
建筑通信系统
芮静康　主　编
余发山　王福忠　吴　冰　副主编

*

中国建筑工业出版社出版、发行（北京西郊百万庄）
新　华　书　店　经　销
北京密云红光制版公司制版
世界知识印刷厂印刷

*

开本：850×1168毫米　1/32　印张：7¼　字数：195千字
2006 年 11 月第一版　　2006 年 11 月第一次印刷
印数：1—3000 册　　定价：**16.00** 元
ISBN 7-112-08786-4
（15450）

版权所有　翻印必究
如有印装质量问题，可寄本社退换
（邮政编码 100037）

本社网址：http://www.cabp.com.cn
网上书店：http://www.china-building.com.cn

本书内容新颖、概念准确、图文并茂、通俗易懂、既有理论，又有实践，全面地介绍了建筑通信新技术。

本书内容包括：数字程控交换系统、宽带综合业务数字网技术、卫星通信、数字微波中继通信、光纤通信技术和多媒体通信技术等。

本书可供宾馆、饭店、现代楼宇的工程技术人员、工矿企业的电气技术人员阅读，也可供大专院校相关专业的师生参考。

* * *

责任编辑：刘　江　范业庶
责任设计：董建平
责任校对：张景秋　王雪竹

编审委员会

主　任： 芮静康
副主任： 余发山　王福忠　武钦韬
委　员： 曾慎聪　周铁英　张燕杰　车振兰
　　　　　王　梅　周玉凤　席德熊　路云坡
　　　　　李振声　胡渝珏　沈炳照　纪燕珊
　　　　　林潇涵
主　编： 芮静康
副主编： 余发山　王福忠　吴　冰
作　者： 郭　宇　王泰华　张　炜　张培玲　李　辉
　　　　　高　娜　刘志平　张蛟龙　张延良　王科平
　　　　　高　岩　张燕杰　王　梅　陈晓峰　杨晓玲
　　　　　郑　征　田慧君　屠姝姝　纪燕珊　杨　静
　　　　　谭炳华　刘彦彬

前　　言

　　现代通信技术和信息技术的迅速发展和广泛应用，使人们对各类建筑物的使用功能和科学化管理提出了全新的要求，通信技术、计算机网络技术、自动控制技术和系统工程技术的空前高速发展，深刻地影响着人类的生产方式和生活方式，给人类带来了前所未有的方便和利益，建筑领域也未能例外。智能建筑就是在这一背景下出现的。智能建筑是以建筑为平台，兼备通信自动化、办公自动化、建筑设备自动化的功能，集系统结构、服务、管理及它们之间的最优化组合，向人们提供一个安全、高效、舒适、便利的建筑环境。近年来，人们不难发现，凡是按现代化、信息化运作的机构与行业，如政府、金融、商业、医疗、文教、体育、交通枢纽、法院、工厂等，他们所建造的新建筑物，都已具有不同程度的智能化。智能化建筑市场的拓展为建筑电气工程的发展提供了宽广的天地。特别是建筑电气工程的弱电系统，更是借助通信技术、计算机网络技术、自动控制技术和系统工程技术在智能建筑中的综合利用，使其获得了日新月异的发展。智能化建筑也为其设备制造、工程设计、工程施工、物业管理等行业创造了巨大的市场，促进了社会对大量建筑技术专业人才需求的急速增加。

　　智能建筑应该是"智能"加"建筑"，智能建筑不仅需要通信、自动控制、办公系统、计算机网络等设施，更不能离开建筑这个载体，以及为建筑服务的与能源、环境有关的各种建筑设备；不仅需要各种IT硬件，而且需要对整个建筑设备进行优化管理的软件，因此智能建筑技术是多学科的交叉和融会。本书正是基于这一发展要求而编写的。

本书共分六章,第一章数字程控交换系统,第二章宽带综合业务数字网技术,第三章卫星通信,第四章数字微波中继通信,第五章光纤通信技术,第六章多媒体通信技术。本书较系统和全面地介绍了现代建筑的通信新技术,文字简炼,通俗易懂,图文并茂,相信会受到广大读者的欢迎。

本书编审委员会由芮静康任主任并兼任主编,由余发山、王福忠、武钦韬任副主任,余发山、王福忠、吴冰任副主编,其他委员和作者名单详见编审委员会名单。

由于作者水平有限,错漏之处在所难免,敬请广大读者批评指正。

作　者

目 录

第一章 数字程控交换系统

第一节 概述 ·· 1
  一、电话通信原理 ································· 1
  二、电话交换机的发展 ····························· 3
  三、自动电话交换机的分类 ························· 4

第二节 数字交换网络 ································· 7
  一、时隙交换 ··· 7
  二、时间和空间接线 ································ 9
  三、数字交换网络 ··································· 13

第三节 数字交换系统基本结构 ················· 14
  一、数字交换网络 ··································· 14
  二、用户模块 ··· 15
  三、中继 ··· 16
  四、控制设备 ··· 16
  五、程控交换机的软件系统 ····················· 17

第四节 电话网和信令 ································ 17
  一、市内电话网 ······································ 18
  二、长途电话网 ······································ 19
  三、信令 ··· 21

第二章 宽带综合业务数字网技术

第一节 概述 ·· 24
  一、ISDN 的基本思想 ····························· 24
  二、BISDN 的概念 ·································· 25

第二节　ATM 技术 ……………………………………………… 27
一、ATM 产生的背景 …………………………………………… 27
二、ATM 网络功能 ……………………………………………… 29
三、ATM 信元传输和格式 ……………………………………… 31
第三节　ATM 交换机 …………………………………………… 40
一、宽带业务对 ATM 交换机的要求 ………………………… 40
二、ATM 交换机的任务 ………………………………………… 43
三、ATM 交换机模块 …………………………………………… 43
四、ATM 交换机结构 …………………………………………… 47
第四节　通信网接口 …………………………………………… 49
一、ATM 通信网接口概念 ……………………………………… 49
二、ATM 通信网接口结构 ……………………………………… 50

第三章　卫　星　通　信

第一节　概述 ……………………………………………………… 53
一、卫星通信的基本概念与特点 ……………………………… 53
二、通信卫星的种类 …………………………………………… 56
三、卫星通信系统分类 ………………………………………… 59
第二节　卫星通信系统的组成及工作原理 …………………… 60
一、卫星通信系统的组成 ……………………………………… 60
二、卫星通信系统的工作原理 ………………………………… 66
第三节　卫星通信系统的多址连接方式 ……………………… 67
一、频分多址（FDMA）方式 …………………………………… 67
二、时分多址（TDMA）方式 …………………………………… 69
三、空分多址（SDMA）方式 …………………………………… 70
四、码分多址（CDMA）方式 …………………………………… 72
第四节　卫星通信新技术 ……………………………………… 73
一、甚小天线地面站（VSAT）卫星通信系统 ………………… 73
二、低轨道（LEO）移动卫星通信系统 ………………………… 78
三、中轨道（MEO）移动卫星通信系统 ………………………… 79
四、静止轨道（GEO）移动卫星通信系统 ……………………… 81

第四章 数字微波中继通信

第一节 概述 ······ 83
一、数字微波中继通信的发展 ······ 83
二、数字微波通信的特点 ······ 84
三、数字微波通信系统的性能指标 ······ 85

第二节 数字微波中继通信系统组成 ······ 86
一、数字微波传输线路组成 ······ 86
二、数字微波收发信设备 ······ 87
三、中继站的中继方式 ······ 90

第三节 数字微波传播特性与抗衰落技术 ······ 92
一、微波在自由空间的传播损耗 ······ 92
二、地面对微波视距传播的影响 ······ 94
三、大气折射对微波传播的影响 ······ 98
四、衰落现象 ······ 100
五、抗衰落技术 ······ 101

第四节 数字微波调制与解调技术 ······ 108
一、二进制振幅键控 ······ 108
二、二进制频移键控 ······ 109
三、二进制相移键控 ······ 111
四、正交调幅 ······ 112

第五章 光纤通信技术

第一节 概述 ······ 116
第二节 基本光学定律 ······ 117
第三节 光纤和光缆 ······ 119
一、光纤结构和分类 ······ 119
二、光纤传输原理和特性 ······ 122

第四节 光纤通信器件 ······ 128
一、光源 ······ 128
二、光发射机 ······ 134
三、光接收机 ······ 141

9

第五节 光纤通信系统·················148
一、光纤通信系统和数字网··········148
二、波分复用系统···················152
三、相干光通信系统·················154
四、全光传输——光弧子光纤通信·····154

第六章 多媒体通信技术

第一节 概述························156
一、多媒体的基本概念···············156
二、多媒体通信及其主要特征·········157
三、多媒体通信业务·················158
四、多媒体通信的应用···············159
五、多媒体通信中的关键技术·········160

第二节 音频数据压缩技术············162
一、概述···························162
二、音频数据压缩技术···············165
三、音频压缩的国际标准·············171

第三节 图像数据压缩技术············173
一、概述···························173
二、图像数据压缩编码技术···········174
三、图像数据压缩的国际标准·········179

第四节 多媒体通信网络··············186
一、多媒体通信对通信网的要求·······187
二、现有网络对多媒体通信的支持·····190

第五节 中国公共多媒体通信网（169）···199

第六节 会议电视系统················203
一、概述···························203
二、会议电视系统的组成·············204
三、会议电视系统的基本工作模式·····208
四、会议电视有关的协议标准·········209
五、H.323 会议电视系统············210
六、会议电视的应用·················212

第七节　可视电话 ………………………………… 213
　　一、可视电话系统的组成原理 ……………………… 213
　　二、H.324 多媒体电话终端 ………………………… 214
　　三、可视电话的发展方向 …………………………… 216
　　四、国际标准 ………………………………………… 217

参考文献 ……………………………………………… 219

第一章 数字程控交换系统

第一节 概 述

电话是当今人们使用最多的通信工具。自 1876 年美国贝尔发明了电话,这种通信方式就以它的设备结构简单、造价低而被广泛采用。随着社会需求的日益增长和科学技术水平的不断提高,电话设备(主要是交换技术)也在不断改进和发展。

一、电话通信原理

电话通信是通过声能与电能相互转换来达到用电传输语言的一种通信技术。最简单的电路是将一个受话器、一个送话器和一组电池用一对导线连接起来。如图 1-1 所示。

图 1-1 电话传输过程示意图

当发话者对着送话器讲话时,人发出的声波作用于送话器上,使送话器产生电流,其大小是随着声音而变化的,这个电流就称之为话音电流,简称话流。话流沿着导线传送到受话器,受话器又将话音电流转变为声振动,复现原来的声波,作用在受话人的耳膜上,因而,受话人就听到了发话人的声音,这就是单向电话通信的基本原理。而每一部电话机都具有送话器和受话器。

这样，电话机就实现了双方每一边既可讲话也可听话。从而达到了双向通信的目的。

电话通信的最基本原理就是每个用户使用一部电话机，用导线将话机连接起来，通过声能与电能的转换，使两地的用户可以互相通话。一对电话用一对线连起来就可以了，如果有三部电话要互相通话就需要三对连线。以此类推，N 部电话机之间个个相连，就需要 $\frac{N(N-1)}{2}$ 对连线。图 1-2 所示是 6 部电话个个相连，需要 $\frac{N(N-1)}{2} = \frac{6(6-1)}{2} = 15$ 对连线的情况。如果 $N = 100$，则需 4950 对线；N 再增大，线路数量将更大。这样就产生了以下几个问题：

（1）不经济，线路耗资巨大，利用率低；

（2）使用不方便，要使电话机与任一对线连接起来，对电话机来讲是很困难的；

（3）安装维护困难。

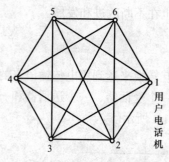

图 1-2 6 部电话相连的情况

所以，这种简单的将用户话机直接相连的方式是没有实用价值的。解决这些问题的办法是在用户分布区域的中心位置，安装一个公共设备，每个用户都用一对线路连接到公共设备，当任意两个用户要通话时，由公共设备将两部话机联通起来，通话结束后再将线路拆除，以备其他用户使用。这个公用设备称为电话交换机，如图 1-3 所示。

要完成电话交换的任务，电话交换机必须具有以下基本功能：

（1）及时发现哪一个用户有呼叫请求；

（2）记录被叫用户号码；

（3）判别被叫用户当前的忙闲状态；

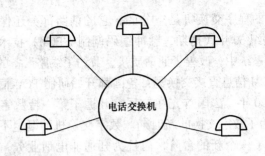

图1-3 电话交换机

(4) 若被叫用户空闲,交换机应能选择一条空闲的链路临时将主叫、被叫用户电话机联通,使双方进入通话状态;

(5) 通话结束时,交换机必须及时进行拆线释放处理;

(6) 使任意两个交换机所带的用户自由通话;

(7) 在同一时间内交换机要允许若干对用户同时进行通话且互不干扰。

二、电话交换机的发展

最早的电话交换机是由人工控制的。人工控制有很多问题,转接速度慢,容易出差错。这迫使人们改革交换机,使交换机自动化。1892年,美国人史瑞乔发明了第一台自动电话交换机,并取得了专利权,以后称这种交换机为史瑞乔交换机。

史瑞乔发明的是步进制交换机,这以后又出现了旋转制和升降制的交换机,在1919年,瑞典工程师比图兰得和帕尔默格林又发明了纵横制交换机,这种交换机改进了接点方式,将滑动摩擦方式的接点改成了压接触式,提高了可靠性,减少了磨损,延长了寿命。

随着电子技术的发展,尤其是半导体技术的迅速发展,又出现了半电子交换机和准电子交换机。

1946年,第一台存储程序控制电子计算机的诞生,把计算机的应用推广到了交换机的控制系统,这就出现了程控交换新技术。

早期的程序交换机是空分的,它的话路部分还保留机械接点。20世纪60年代初期,脉冲编码调制(PCM)技术成功地应用在传输系统中,改善了通话质量,节约了线路设备的成本。是否可将PCM信息直接交换呢?各国都开始研制PCM信息的交换系统。1970年,法国首先在拉尼翁开通了第一台数字交换系统E10,开始了数字交换的新时期。数字交换机的诞生不但使电话交换跨上了一个新的台阶,而且为开通非电话业务,如用户电报、数据业务等提供了有利条件。它为今后实现综合业务数字网(ISDN)打下了基础,使之变成现实可行。

三、自动电话交换机的分类

1. 机电与电子方式

从电话交换设备所用的元件来讲,早期用的是机电式元件制造的,因而称为机电制交换机,如步进制、旋转制和纵横制交换机等。这种交换机体积大、噪声大、易磨损。后来人们用电子元件制造的交换机有半电子式、准电子式和全电子式的。电子交换机一般分成控制和通话接续两部分。控制部分用电子元件实现,通话接续部分用机电元件实现的就称为半电子式的。控制部分用电子元件、通话接续部分用簧笛继电器的就是准电子式的。控制和通话全采用电子元件的就是全电子交换机。

2. 布控和程控方式

根据电话交换设备的控制部分实现方式的不同,又分为布控和程控两种方式。

布控是布线逻辑控制的简称。它是指将交换机各控制部分按逻辑要求设计好,并用布线将各部分连接好,即可实现交换机的各种功能。这种方式安装好后,接上电源即可工作。

程控是程序存储控制的简称。它是指将对交换机的控制先按一定逻辑要求设计成软件形式,存放在计算机的内存中,然后由这台计算机来控制交换机的各项工作。程控要在设备安装好后,才能正常工作。

图 1-4 是布控和程控的示意图。

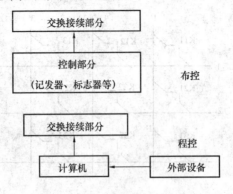

图 1-4 布控和程控示意图

3．空分和时分方式

空分和时分是交换接续的两种不同实现方法。图 1-5 是空分接续的示意图。如图所示，入线 1 要与出线 2′接通，可令 K12 闭合，入线 3 要与出线 1′接通，则令 K31 接通。如要求二者同时接通，则可令 K12 和 K31 同时闭合。空分是指对各个通话接续分别提供空间，即实线通道的一种接续方式。

图 1-6 是时分通话接续示意图。入线和出线均经电子开关接至一根总线上。各电子开关可受时间位置不同而周期相同的脉冲（如图 1-6 右边所示的 $\tau 0$、$\tau 1$ 两组脉冲）控制而启闭。如入线 1 要接通出线 2′，可将 $\tau 0$ 脉冲同时加至 K1 和 K2′，则在 $\tau 0$ 脉冲的持续时间 τ 内，K1 和 K2′闭合，在其他时间内，K1 和 K2′断开。又如入线 3 要和出线 1′接通，则可将 $\tau 1$ 脉冲加至 K3 和 K1′。要说明一点，脉冲 τ 的持续时间是 $3.9\mu s$，周期是 $125\mu s$，一个周期内可有 32 个脉冲，在 τ 脉冲时间内可有两对开关接通，其他开关断开，而在下一个 τ 脉冲，另有两个开关接通，而其他开关断开。这样在这条总线上，一个周期内可有 32 对用户通话。在下一个周期内周而复始。这样的断续接通是否可正常通话呢？根据著名的取样定理证明，这种时分制通信在一定条件下是

5

完全可行的。

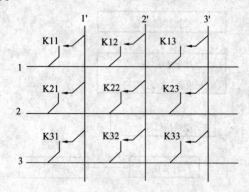

图 1-5 空分接续示意图

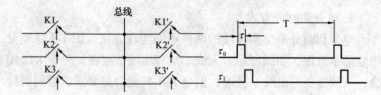

图 1-6 时分接续示意图

4. 模拟和数字方式

模拟和数字是就电话交换机接续的信号是模拟信号还是数字信号而言。

交换机接续的是模拟信号，就是模拟方式。在模拟方式下，采用二线制就可接通正反两个方向的信号。

交换机接续的是 0 和 1 组成的二进制数字信号，就是数字方式。在数字方式时必须采用四线制，即二线传正方向信号，二线传反方向信号。要说明的一点是空分制传送的是模拟信号，因为组成其交换机的元件速度慢，适应不了数字交换的速度要求。时分制既可以交换模拟信号又可以交换数字信号。时分制模拟交换的例子是脉冲幅度调制（PAM）工作方式。但实际上时分制主要是采取数字交换。话音要先由 A/D 变换成数字信号，经过数字交换后的数字信息还要经过 D/A 变换,再经过滤波,还原成原来的话音信号。A/D 变换和 D/A 变换通常有两种方式,一种叫 ΔM 方式,另一种为 PCM 方式。现在使用的大部分是 PCM 方式。因此,下面所要介绍的数字交换即是 PCM 信号的直接交换。

这种直接交换 PCM 数字信号的交换机,其控制部分采用计算机实现的程序控制方式。通话部分采用电子元件实现的时分数字交换方式,这就是全电子式交换机。由于这种交换机是全电子和时分的,因此,简称为数字程控电话交换机。

数字程控电话交换机的主要优点有:(1)灵活方便,通过改变程序,能很方便地改变交换机的逻辑功能,如改变用户的电话号码(从 6 位改到 7 位),这对于布控机是很难的;(2)便于维护管理,程控机一般都有故障诊断程序,可以检查出问题,并显示出具体位置;(3)便于开放新业务,如国际、国内长途直拨、缩位拨号、叫醒服务、会议电话等等,这在布控机上很难实现,而在程控机上可很方便的实现;(4)体积缩小几十倍,很好地改善了全程音质音量,利于保密,利于实现智能网(IN)和综合业务数字网(ISDN)。

第二节 数字交换网络

一、时隙交换

在信息传输中,为了提高线路利用率,通常有两种多路复用技术,一种为频分制(FDM),另一种为时分制(TDM)。时分制是数字多路通信的主要方法,脉冲编码调制(PCM)就适合于时分多路复用方式。

CCITT 建议了两种 PCM 基群制式,一是按 A 律 13 折线编码、总码率为 2048kbit/s 的 PCM30/32 路制式,我国及许多欧洲国家采用这种制式;另一种是按 μ 律 15 折线编码、总码率为 1544kbit/s 的 PCM24 路制式,采用这种制式的有美国、日本等。

PCM30/32 路帧结构如图 1-7 所示，1 帧 = 125μs，这个时间是由抽样定理决定的。即对最高频率为 3400Hz 的话音信号，必须每秒取样 8000 次，也就是每隔 125μs 对各路模拟话音信号取

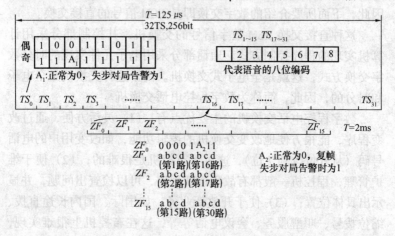

图 1-7 PCM30/32 路一次群帧结构示意图

样一次。PCM30/32 路系统将 125μs（一帧）平均分成 32 个时隙，分别以 TS0～TS31 表示，每个时隙长 3.9μs，称为一个路时隙，每一个时隙传送一路的 8 位码。这 8 位码的不同编码代表不同的抽样脉冲幅度。其中 TS0 为同步时隙，TS16 为信令时隙，TS1～TS15 和 TS17～TS31 为 30 个话路。帧同步时隙 TS0 也由 8 位码组成，帧同步码由 7 位码 0011011 组成，占用 TS0 的后 7 位码，帧同步码每隔一帧传送一次且只在偶数帧的 TS0 时隙传送。奇数帧的 TS0 的第 2 位固定为 1，以便收端根据这一位的值来判别奇、偶帧（偶帧这一位固定为 0）。奇数帧 TS0 的第 3 位为失步告警位，以 A1 表示，该位为 0 时表示本局与对方局同步，为 1 时表示不同步。奇帧的第 4～8 位可传送其他信息，不用时都为 1。

第 1 位（无论奇、偶帧 TS0）留作国际通信用，目前暂定为 1。TS16 是复帧结构，分为 16 个子帧，复帧中的 ZF0 用于检测复帧同步，其余 15 个分别用作 30 路的信令，每路 4 个比特。各话路的信令信号每隔 16 帧才传送一次。PCM30/32 路系统传送码率

为 8bit/时隙×32 时隙/帧×8000 帧/s = 2048kbit/s。

时隙交换就是指 PCM 系统各个时隙的数字信息的交换。现在用图 1-8 来说明数字交换的概念。图中表明第 1 路的发送时隙为 TS1，而到第 5 路接收的已换成 TS5 了。相反方向，第 5 路信号从 TS5 发出，经过交换网络的交换后，在第 1 路收到的第 5 路信号已换至 TS1。图中 TS1 和 TS5 的时隙内容（即 8 位编码）每秒钟更新 8000 次。数字话音信号的交换就是这样一帧接一帧进行的。

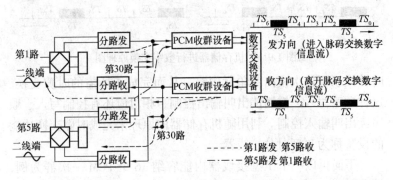

图 1-8　一端脉码内数字交换原理图

二、时间和空间接线

时间接线器和空间接线器是构成数字交换网络的基础。时间接线器由话音存储器和控制存储器组成，一般采用随机存储器来实现，如图 1-9 所示。话音存储器用来暂存数字编码的话音信息。对一端 32 路的 PCM 系统，话音存储器有 32 个单元就可以了，每个单元可存一个话路时隙的 8 位码。如果一条复用线上有更多时隙之间的交换，则话音存储器就要相应增多，如有 256~1024 个时隙，则应有 256~1024 个单元。

图 1-9 中各个输入时隙的数字信息在时钟控制下，依次写入话音存储器的各个单元，时隙 TS_1 的内容写入第 2 个存储单元，时隙 TS_5 的内容写入第 6 个存储单元，以此类推。控制存储器在

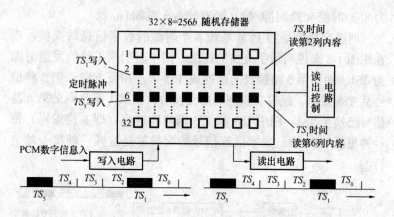

图 1-9 随机存储器进行数字交换原理图

时钟控制下依次读出各单元内容,从而完成了所需的时隙交换。这种顺序写入、控制读出叫输出控制,相对应还有控制写入、顺序读出叫输入控制。利用随机存储器的原理来完成时隙交换功能的设备称为 T 型时分接线器。

下面再以一个 T 型接线器内能容纳 16 个 PCM 一次群为例,扼要说明 T 型接线器的交换原理。

图 1-10 是 16 端 PCMT 型接线器的组成框图。由图可见,接线器由串/并变换、话音存储器、控制存储器和串/并变换等四部分组成。

串/并变换器输入的是 16 个一次群一端的 PCM 串行码,码率是 2Mbit/s,输出是 8 根线,输出为每一个时隙内的 8 位码。在进入串/并变换器前,这 8 位码是串行的,经过串/并变换变为 8 位并行码。这里要说明的是码速要提高,16 端的码率在串/并变换输出端是 $32 \times 16 = 512$ 个时隙,码率是 4Mbit/s。如果输入是 32 端 PCM 一次群,则在串/并变换的输出端,时隙就变成 $32 \times 32 = 1024$ 个,码率是 8Mbit/s。

话音存储器由随机存储器组成,对 16 端输入的容量为 512×8,对 32 端的则为 1024×8,它用来存储 16 端的 512 个时隙的 8

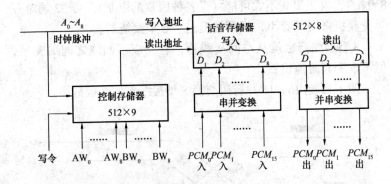

图 1-10　16 端 PCM 数字交换 T 型接线器组成框图

位码或 32 端的 1024 个时隙的 8 位码。对 16 端输入,并行的 8 位码在时钟脉冲 $A_0 \sim A_8$ 提供的 9 位地址,依次写入话音存储器,话音存储器的工作频率是 4Mbit/s;对 32 端输入,并行的 8 位码要在时钟脉冲 $A_0 \sim A_9$ 提供的 10 位地址。依次写入 1024 个单元的话音存储器,这时话音存储器的工作频率为 8Mbit/s。

　　控制存储器也由随机存储器组成。对 16 端输入,它的容量是 512×9（512 个单元,每个单元 9 位）。512 个单元对应于 512 个时隙,9 位 0 和 1 的组合可译出 512 个地址,控制对话音存储器的读出。图中的 $AW_0 \sim AW_8$ 可表示控制存储器的 512 个单元。$BW_0 \sim BW_8$ 是每个单元的内容。$AW_0 \sim AW_8$ 和 $BW_0 \sim BW_8$ 的内容都是由计算机安排的。相应的在 32 端输入时,控制存储器的容量为 1024×10。1024 个单元对应 1024 个时隙,每个单元 10 位。这 10 位 0 和 1 的组合可译出 1024 个地址,对应于 1024 个话音存储器。控制存储器的读出是由 $A_0 \sim A_8$ 时钟脉冲控制顺序读出的。

　　并/串变换输入的是 8 位并行码,输出为 16 根线,输入码率为 4Mbit/s,输出又恢复 2Mbit/s。32 端变换输入为 8 位并行码,输出为 32 根线,输入的码率为 8Mbit/s,输出为 2Mbit/s。

　　一个 32 端 PCM 的 T 型接线器可交换 1024 个时隙,码率是

8Mbit/s，再想提高不大可能（受各种因素的限制）。可 32 端对一个交换机来讲又嫌小，于是就提出了 S 型接线器。

S 型接线器也就是空间接线器，它完成不同线之间的交换，但不改变其时隙位置。

图 1-11 是 16×16 并行码交换 S 型接线器的组成框图。

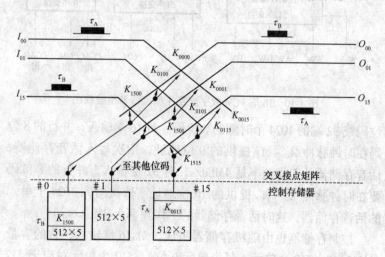

图 1-11 16×16 并行码交换 S 型接线器组成框图

这个 S 型接线器由交叉接点矩阵和控制存储器两部分组成。该接线器有 16 条入线、16 条出线，入线和出线的交叉接点共有 16×16=256 个。因为是并行码交换，共有 8 位码，因此，图 1-11 的接点矩阵应有 8 个，分别接 8 位码。如果每条入线是一个 16 端脉码 512 个时隙中的一位码，码率是 4Mbit/s。也就是说每个交叉点的工作频率为 4MHz。再一点就是这个交叉点是时分复用的。这不同于前面所说的空分接线器。图 1-11 是一个输出控制 S 型接线器。共有 16 个随机存储器组成控制存储器，每个控制存储器的容量为 512×5，512 代表 512 个时隙，5 是 5 位码，其中 4 位用来选择 16 个入线中的 1 线，另一位作为选通端。在图 1-11 中，I_{00} 入线 τ_A 时隙的内容（以竖短线表示）要交换到

O_{15} 线去，只需 #15 控制存储器在即时闭合接点 K_{0015}，就将 I_{00} 线 τ_A 的内容交换到 O_{15} 线上了。同样，I_{15} 线 τ_B 的内容（横短线表示）要交换到出线 O_{00}，由 #0 控制存储器在 τ_B 时刻打开 K_{1500}，就将 I_{15} 线 τ_B 的内容交换到 O_{00} 线上了。这种每个控制器控制一条输出线称为输出控制型。相应的还有一种输入控制型。

三、数字交换网络

T 型接线器一般只能进行 16 端或 32 端 PCM 脉码间的交换，而 S 型接线器只能完成空间交换，不能进行时隙内部的交换，因此，不能单独使用。实际使用的数字交换网络都是由 T 型和 S 型接线器经不同组合而构成。有 STS 型、TST 型、TSST 型等，其个 TST 型用得最多。

图 1-12 示出一个总容量为 2048 端 PCM 的 TST 型数字交换网络。如图所示，整个网络由输入 T 级、S 级和输出 T 级组成。S 级采用 128×128 的并行码接线器，输出控制。S 级有 128 条入线，128 条出线，输入 T 级和输出 T 级各由 128 个 T 型接线器组成。每个 T 型接线器可进行 16 端 PCM 脉码交换。整个交换网可进行 16×128=2048 端脉码交换。输入 T 级采用顺序写入、控制读出的 T 型接线器，输出 T 级采用控制写入、顺序读出的 T 型接线器。

下面举列说明 TST 网络的交换原理。如 #0 组输入 T 级 t_i 时隙的内容要交换到 #127 组输出 T 级 t_j 时隙，而 #127 组输入 T 级 t_j 的内容也要交换到 #0 组输出 T 级 t_i 时隙，这样就可完成双向交换。#0 输入 T 级 t_i 的内容在时钟顺序控制下写入内容存储器 t_i 单元，并在控制存储器控制下，在 τ 时隙将内容存储器 t_i 单元的内容读到 S 级输入线上，这时 s 级 K_{0-127} 开关在 #127S 控制存储器控制下闭合，并且 #127TST 控制存储器控制 #127 输入 T 级把内容写入 #127 输出 T 级的 t_i 内容存储器，再由时钟顺序读出，这样就完成了将 #0 输入 T 级 t_i 的内容交换到 #127 输出 T 级的 t_j 时隙。同理，可将 #127 输入 T 级 t_j 时隙内容交换到 #0

输出 T 级的 t_i 时隙。因为这是一对交换,为了计算和安排通路方便,把他们交换的内容时隙相差半帧。在这个例子里一帧为 512 时隙,图中 F 即为 512,可以看到,在 S 级交换的时隙分别是 τ 和 $\tau + \dfrac{F}{2}$ 时隙。从这个例子可理解 TST 网的交换容量比单级 T 型接线器大大增加了。

第三节 数字交换系统基本结构

全数字交换机的典型结构如图 1-12 所示。图中交换机分为选组级(数字交换网络)和用户级(用户模块相远端模块)二部分。由各自的处理机进行控制,处理机之间则通过通信信息进行联系。

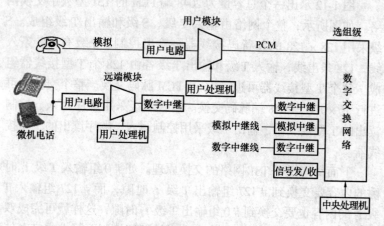

图 1-12 数字交换系统结构

一、数字交换网络

交换网络的功能是根据用户的呼叫要求,通过控制部分的接续命令,建立主叫与被叫用户间的连接通路。数字交换网络由(前面介绍的随机存储器构成的)时分接续网络和(由电子开关阵列构成的）空分交换网络构成。

二、用户模块

用户模块的功能是集中话务量或分散话务量。因为每个用户的话务量比较少，如果每个用户电路直接接到数字交换网，则利用率很低。由用户模块将一群用户集中后，用较少的线路接数字网络。用户模块中有T型接线器，可接若干用户（其数量可从30到2048不等）。另外还有信号的提取和传送功能。远端用户模块的结构与用户模块基本一样，因为远端用户模块用户需远距离传输，因此，多一个PCM码型转换。

在数字交换机中，用户电路有BORSCHT七个功能。这是由7个英文单词的字头组成的。具体是：

(1) 馈电（BF）。由用户电路向主被叫用户提供通话直流，我国规定馈电电压为负48V或负60V，国外为负48V；

(2) 过压保护（OP）。用户电路是外线，有可能遭雷击或碰高压输电线，发生这种情况有可能损坏交换机。一般在每一用户线上装一保安器（气体放电管），保护交换机免受高压袭击；

(3) 振铃控制（RC）。振铃电压为90±15V，在程控数字交换机中采用振铃继电器来控制；

(4) 监视（S）。通过监视用户直流电流来了解用户线回路的通/断状态，这样可以检测几种用户状态，如用户话机的摘挂机状态、号盘话机发出的拨号脉冲、投币话机的输入信号及用户通话时的话路状态（话终挂机监视）等；

(5) 编译码和滤波（C&F）。编译码器的功能是完成模拟信号与数字信号之间的转换；

(6) 混合电路（HC）。混合电路的功能是完成二线与四线的转换功能；因模拟信号是二线双向，PCM信号是四线单向的，由混合电路完成二线与四线之间的转换；

(7) 测试（T）。它的功能是将用户线与测试设备连接，以便对用户线进行测试。

三、中继

中继器有模拟中继器和数字中继器。中继器是中继线与交换网络间的接口电路。模拟中继器完成模拟中继线与交换网络接口，其功能有：

(1) 发送与接收表示中继线状态（如示闲、占用、应答、释放等）的线路信号；

(2) 转发与接收代表被叫号码的记发器信号；

(3) 供给通话电源和信号音；

(4) 向控制设备提供所接收的线路信号。

数字中继器完成数字中继线与数字交换网络之间的接口，它的功能有：

(1) 码型交换和反变换；

(2) 时钟提取和帧同步；

(3) 提取和插入随路信号。

四、控制设备

程控交换机的控制设备由处理机和存储器组成，处理机执行交换机程序，完成交换机各项功能；存储器用来存放软件程序及有关数据。从结构来讲，控制系统可分为集中控制和分散控制两种方式。

1. 集中控制方式

如果一个交换系统中有多台处理机，每一台处理机都可以担负起交换机的全部功能，则这种方式就叫集中控制方式。

集中控制的优点是比较经济，一台处理机即可完成各项功能，改变功能比较方便，只要修改软件即可。其缺点是系统比较脆弱，一旦控制器出故障，容易造成系统瘫痪。早期的集中控制系统一般采用双处理机或多处理机冗余配置方式。

2. 分散控制方式

控制系统由多台处理机组成，但每台处理机只能完成系统的部分功能，这就是分散控制。

分散控制的优点是系统硬件、软件模块化，提高了系统的可靠性，系统软件模块化使得软件修改、编写也容易。分散控制按处理机工作方式又分为单级多机系统和多级处理机系统。

单级多机系统是多台处理机并行工作，每台处理机承担一部分用户的全部呼叫功能（即信号接口、交换接续和控制功能），各处理机完成的工作是一样的，只是服务对象不一样。这也叫容量分担方式。而多级处理机系统一般采用功能分组方式，即每台处理机只承担一部分功能，面对全体用户。如外围处理机用于处理外围接口功能，中央处理机执行交换接续和控制功能，而维护管理处理机执行运行维护功能。分散控制方式是今后交换系统的发展方向。

五、程控交换机的软件系统

程控交换机的各项功能都是在软件的指挥下完成的，这个软件系统非常庞大且复杂，一般采用专用的高级语言编写，对于一些要求执行速度快的程序用汇编语言编写，并采用模块化方式。对软件的要求是高可靠性、可扩充性和可维护性。

程控交换的软件系统分为联机运行程序和脱机程序两部分。

联机运行程序是交换机在运行时必需的程序，它包括执行管理程序、呼叫处理程序、运转管理程序、故障处理和诊断程序。

脱机程序是软件中心的服务程序，主要用于交换局开通时的测试及开发和生成交换局的软件和数据。它又称为支援程序。它包括语言翻译程序、连接装配程序、用于文件生成和修改的程序、用于交换局工程的设计安装及检测、模拟调试程序。

第四节 电话网和信令

通信网由交换设备和传输设备组成。全国电话通信网由本地网和长途网组成。

一、市内电话网

市内电话网是本地网中的一种类型。根据城市大小和电话通信发展状况，市话网有单局制和多局制的基本结构。

1. 单局制市话网

这种电话用户比较集中，全市只要一个电话局即可收容所有用户的市话网叫单局制市话网，如图1-13所示。它适合于小城市。

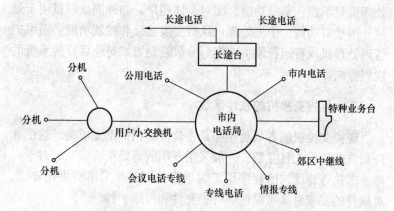

图1-13 单局制市内电话网

单局制市内电话网包括普通用户电话、公用电话、特种业务电话、长途电话局、用户小交换机。

单局制市话网的最大容量为8000门，一般容量超过5000门就要考虑多局制了。

2. 多局制市内电话网

多局制就是在一个城市里，建有几个市内电话局（一般少于8个），这些电话局叫分局。分局互相间用中继线沟通，如图1-14所示。

多局制市内电话网一般采用5位号码制。最大容量为80000门。每个分局容量为10000门。一般当分局数超过5个时就要考

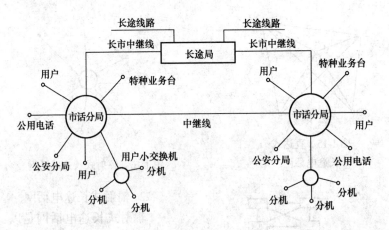

图 1-14 多局制市内电话网

虑汇接制了。

3．汇接制市内电话网

汇接制就是把一个市内电话网分成若干个汇接区，每个区设立一个汇接局，每个汇接局下属几个市话分局。

汇接制市话网减少了中继线群数，缩短了中继线平均长度，提高了中继线的利用率，降低了成本，提高了通信质量。

二、长途电话网

长途电话网包括长话交换机和长途电路。由于长途电路建设投资很大，从实际情况考虑，长途电话网有以下三种，即直达式、辐射式和汇接辐射式。

1．直达式长途电话网

如图 1-15 所示，在直达式长途电话网中，任何两个长话局之间都设有直达电路，一般不需要经过其他长话局转接；当某两个长话局间的电路发生障碍时，只要经过一次转换就可完成迂回电路。其优点是接续迅速，通信可靠性强；缺点是电路利用率低。

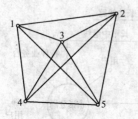

图 1-15 直达式长途电话网

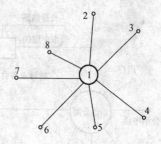

图 1-16 辐射式长途电话网

2. 辐射式长途电话网

辐射式长途电话网是以一个长话局为中心,向其他长话局作辐射式连接,其结构如图 1-16 所示。它的优点是减少了线路数目和线路总长度,电路利用率高;其缺点是一出现故障将影响通信畅通。

3. 汇接辐射式长途电话网

汇接辐射式长途电话网是由直达式和辐射式混合而成。这种网将以上两种结构的优点结合起来。

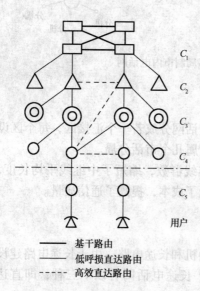

图 1-17 四级汇接辐射式长途电话网

图 1-17 是四级汇接辐射式长话结构,这种网将长话局划分为四个等级。一级交换中心之间个个相连,组成直达网络,这在经济上是合理的,也是保证通信安全可靠所必需的;二、三、四级各级交换中心以远级汇接为主,辅以一定量的直达电路,从而形成复合型网络结构。

我国电话网分为长途网和本地网。长途网采用图 1-17 所示

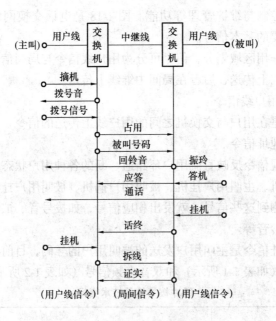

图 1-18 呼叫过程的基本信号

的四级汇接辐射式结构,即分为 $C_1 \sim C_4$ 四级交换中心,一级交换中心 C_1 为大区中心,我国共有六个大区中心;二级交换中心 C_2 为省中心,我国共有 30 个省中心;三级交换中心 C_3 为地区中心,全国共有 350 多个地区中心;四级交换中心 C_4 为县中心,全国约有 2200 个县中心,网内每一级交换中心都有低呼损电路群连到该交换区域内所有下一级交换中心和它所属的上一级交换中心。

本地网有五种类型,即京、津、沪、穗大城市本地网,大城市本地网,中等城市本地网,小城市本地网,县本地网。

三、信令

在交换机内各部分之间或交换机与用户与交换机之间,除传送话音、数据等业务信息外,还必须传送各种专用的附加控制信号(称为信令),以保证交换机协调动作,完成用户呼叫的处理、接续、控制与维护管理等功能。图1-18是电话交换网络呼叫过程所需要的基本信号。

按作用区域划分，信令可分为用户线信令与局间信令，前者在用户线上传送，后者在局间中继线上传送。

1. 用户线信令

它是在用户与交换机之间的用户线上传送的信令，包括监视信令和地址信令。

监视信令反映直流用户环路通、断的各种用户状态，如主叫用户摘机、主叫用户挂机、被叫用户摘机、被叫用户挂机等。交换机检测到这些信号，就发出相应信号，如拨号音、忙音、回铃音、振铃音等。

地址信令是主叫用户发送的被叫用户的号码，目前有直流脉冲信号（如表1-1所示）和双音多频信号（如表1-2所示）两种。

脉冲拨号信号技术指标　　　　　　　　　　表1-1

项 目	话 机	交换局接收		
		步进制交换局	纵横制交换局	用户程控交换机局内接收器
脉冲速度（脉冲/秒）	10±1	10±1	8~14	8~13
脉冲断续比	(1.6±0.2):1	(1.6±0.3):1	(1.3±2.5):1	(1±3):1

DTMF信号的标称频率　　　　　　　　　　表1-2

数字　　高频群（Hz）　　　低频群（Hz）	H1	H2	H3	H4
	1209	1336	1477	1633
L1　　　697	1	2	3	13（A）
L2　　　770	4	5	6	14（B）
L3　　　852	7	8	9	15（C）
L3　　　941	11（*）	0	12（#）	16（D）

2. 局间信令

此信令是在交换机或交换局之间中继线上传送的信号，用以控制呼叫的接续。

根据信令通路与话音通路的关系，可将局间信令分为随路信令与共路信令。随路信令是将话路所需要的控制信号由该话路本身或与之有固定联系的一条信令通路来传送，即用同一通路传送话音信息和与其相应的信令，如图 1-19（a）所示。共同信令是将一组话路所需的各种控制信令集中到一条与话音通路分开的公共信号数据链路上进行传送，如图 1-19（b）所示。

根据中继线路的不同，局间信令又分为模拟线路信令和数字线路信令。模拟线路信令是在模拟通路上传送的线路信号，有直流和交流两种方式。当中继线采用 PCM 传输时，局间线路信令采用数字线路信令，即以 0 和 1 的组合代码表示不同的线路状态。主要是占用 TS16 时隙传送各话路相应的随路线路信令。

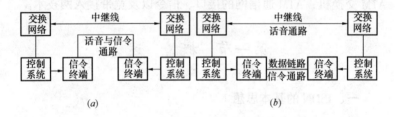

图 1-19　随路信令与共路信令示意图
（a）随路信令；（b）共路信令

CCITT NO.7 号信令是一种目前最先进、应用最广泛的国际标准化共路信号系统。共路信令的优点是信号传送速度快，信号容量大，通话中仍可传送控制信号，能给网络提供各种服务功能信号，比随路信号经济，信号系统的工作可靠性高。因此，最适合用于程控数字交换与数字传输相结合的综合数字网和未来的综合业务数字网。

第二章 宽带综合业务数字网技术

随着通信技术的不断发展和电信业务的快速扩展，以 ATM 技术为重要支持的宽带综合业务数字网正全面替代传统的电信网络。本章在介绍宽带综合业务数字网的基本概念基础上，主要介绍 ATM 技术，包括 ATM 网络功能、信元格式、协议参考模型；ATM 交换机；ATM 通信网的接口、信令以及宽带接入网技术。

第一节 概 述

一、ISDN 的基本思想

传统的电信网都被专门设计为适用于其特定业务的各种独立的网，其通信的方式是将话音、数据、视频和图像等信号按相关业务分开传输。例如：公共电话网（PSTN）能提供电话业务，数字数据网（DDN）只能提供数据业务；公共分组网（PSDN）只能提供分组交换数据业务；另外，还有会议电视网、有线电视网（CATV）等等。它们只能支撑其相关业务，而无法适应其他业务，其主要原因是各种业务的网络参数有别（如带宽、保持时间、端到端延迟和差错率等）。

一直以来，通信网的这种局面，因所能提供的业务信息受限且网络建设繁杂、运营不经济而制约着通信的发展。随着社会信息化的增强，人们受信息的影响已日益增大，对信息的要求也日益迫切，从而使社会信息量急速膨胀，导致电信业务的需求变得越来越复杂，现有的网络都已不能适应或为将来发展提供效率最优比的服务。

是否可以用一个综合的网络来代替多个分离的专用网。实现一网多用，从而改善网络建设和运营费用呢？

经过多年的研究，综合业务数字网（1SDN—Integrated Service Digital Network）的理论从逻辑上为解决这一问题开辟了新途径。ISDN的出现确实给用户带来了诸多好处，例如：能提供端到端的64kbit/s全数字连接，能通过一对线将许多适用的新业务接入网络，使综合化后的业务变得精简，减少了设备配置和网络的重叠。

ISDN的初期是窄带综合业务数字网（NISDN），其标准经ITU—T（国际电信联盟—电信标准部）建议形成了一整套完整的系列标准。然而NISDN的发展却一直不理想，究其原因，主要是NISDN体制是建立在双绞线模拟传输的基础上的，因而带宽的限制使其无法提供十分吸引人的宽带新业务。未来的通信业务要求更宽的带宽和更高的速率，要求在网络中产生各种混合业务（如多媒体通信），而在这些混合业务中，一个传送高分辨率视频要求的速率大约就是150Mbit/s量级，若要同时支持多个交互式或分布式服务，一个用户线的总容量需求可达600Mbit/s量级，所以说，随着用户信息传送量和传送速率需求的不断提高，NISDN确实难以应付日益复杂多变的网络环境，无法满足未来的通信业务要求。

二、BISDN的概念

宽带综合业务数字网（BISDN—Broadband ISDN）在提供综合业务服务的基本思想上与NISDN完全一致。不同的是NISDN支持速率低于2.048Mbit/s的业务，传递方式和媒质主要是以准同步传递方式（PDH—Plesiochronous Digital Hierarchy）和双绞线为基础的。而BISDN支持速率高于1.5Mbit/s的业务，传递方式以异步转移模式（ATM—Asynchronous Transfer Mode）、同步数字系列（SDH—Synchronous DH）通过光缆媒质传输为基础。

光纤传输的使用为综合业务数字网从真正意义上实现宽带业

务提供了可行的基础。光纤光缆以其可传递无限的带宽优势向用户提供令人神往的大量宽带新业务。其次，光纤以其传输距离长、衰耗小、抗干扰、耐腐蚀等特点提供了运行维护上的巨大优越性。

同步数字系列（SDH）技术规范是宽带综合业务数字网的重要部分，它是光纤传输网各种接口标准速率和格式的模块化系列，SDH具有以下优点：

(1) 设备的兼容性；
(2) 多路复用和多路分组的简单性；
(3) 低速业务无需适配的直接接入性；
(4) 对未来高速业务的容易扩展性（可从STM——1155Mbit/s到STM——162.5Gbit/s）。

在窄带ISDN用户线上，SDH是通过同步时分复用的方法，向用户提供两个64Kbit/s的信道，用户只能利用已经划分好的这些子信道进行通信，而不能采用其他通信方式，NISDN仅能提供基本速率接入（BRA—Basic Rate Access）和一次群速率接入（PRA—Primary RA）两种速率接口，不能满足业务综合化、宽带化的发展需求。加上带宽不够等原因使业务的种类受到了限制。宽带ISDN的目标是向用户提供电话、电视、数据和图像等综合业务服务，这些业务要求的通信速率相差悬殊，即使在同一类业务中也可能有多种不同的通信速率要求。如果宽带ISDN也采用窄带ISDN的同步时分复用方法，将1555Mbit/s的信息传送按照一种固定的速率分配方案分割成若干固定子信道，则根本不可能满足未来业务所要求的灵活性，也不能有效传输可变比特率信息。由此说明，BISDN不能采用同步时间分割方法，只能采用异步时间分割方法，即异步传输模式——ATM。采用了ATM技术后，犹如在信息宽带高速公路上架设了无阻塞的立交桥，在这个具有足够信道容量和可灵活导入新业务的立交桥上，无论何种业务、何种带宽、何种信令、何种协议都可通过ATM进行交换。图2-1为基于ATM的宽带多媒体网络业务。

因此，我们可以说，BISDN 不是由一门技术，而是由不同技术支持的网络。经过多年的努力，特别是近几年的研究，人们已基本达成共识，认为 ATM 交换技术和光纤、SDH 传输系统是 BISDN 的最佳组合。

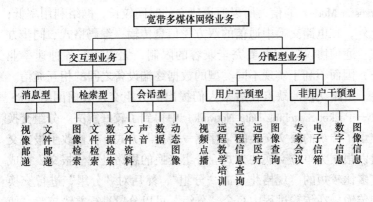

图 2-1 基于 ATM 的宽带多媒体网络业务

第二节 ATM 技术

一、ATM 产生的背景

BISDN 为通信网解决了两大难题，一是高速宽带传输，二是网络内的高速交换。光纤通信技术以及光纤到用户给高速传输提供了极好的支持。那么网络内的高速交换又是如何解决的呢？

20 世纪 70 年代人们提出了基于电路交换的数据传输网络（CSDN—Circuit Switched Data Network）。其优点是：信息以数字信号形式在数据通路上"透明"传输，交换机对用户的数据信息不存储不分析不处理，因而信息的传输效率比较高；信息的编码方法和信息格式由通信的双方协调，不受网络限制；信息的传输时延小，对一次接续而言，传输时延固定不变。因此说电路交换非常适合实时业务。然而电路交换有其先天不足。主要表现在：它的传送模式是以周期重复出现的时隙作为信息的载体,收发两端间是一条传输速率固定的信息通路。在通信过程中,不论是否发送了信息,该通路即所分配的时隙一直被通信的双方独占,造成带宽的浪费;由于电路交换按同步传输模式(STM—Synchronous Transfer Mode)通信,所以通道建立的时间较长,网络利用率低;此外,在电路交换中通信的双方受信息传输、编码格式、同步方式、通信协议等方面要完全兼容的限制,无法适配各种速率业务,因而不利于实现不同类型的数据终端设备之间的相互通信。

电路交换的缺点在后来人们提出的分组交换数据网络(PSDN—Packet Switching Data Network)中得到了较好解决。分组交换继承了传统的报文交换的"存储—转发"方式,但修改了报文交换以报文为单位交换的方式。分组交换的思路是把"报文"截成许多比较短的、规格化了的"分组",然后对"分组"进行交换和传输。在传输过程中每个"分组"可以分段进行差错校验,使得信息在分组交换网络中传输的差错率大大降低。分组交换技术的关键是它不对每个呼叫分配固定的时隙,仅在发送信息时才送出"分组",所以这种模式能够适配任意的传输速率。非常适合不同速率的综合业务。但是在分组交换数据网络中,由网络附加的传输信息比较多,因而传输较长,报文的效率比较低,尤其是系统延时的不确定性,不能很好地支持实时业务。此外,分组交换要对各种类型的"分组"进行分析处理,同时进行流量控制、差错控制以及通过序号进行状态实时序管理,因此对交换机的处理能力和速度要求较高,技术实现相对复杂。

综上所述,电路交换和分组交换均具有各自的优势和缺陷。灵活和有效的交换技术、业务综合的传输技术成为解决综合业务的关键问题。新一代可以适合各种不同业务的宽带数字网,显然须综合继承电路交换和分组交换的优势,即既要支持高速和低速的实时业务,又要具有高效的网络运营效率。为了适应新形势,一种结合电路交换和分组交换技术优点的传输方式由此产生,这就是新一代的交换和复用技术 ATM。

理论研究和初步实际应用都已表明，ATM 可以以单一的网络结构、综合的方式实时地处理语音、数据、图像和电视信息，能有效地利用带宽支持现有和未来新业务的需求。ATM 的传输速率可达 Gbit/s 级，是一种可称之为"被插上了翅膀"的快速分组交换方式，它具有很高的网络吞吐量，且分组处理快、排队延时小，可给网络内的高速交换提供最好的支持，使得 BISDN 的实现成为现实。1988 年 ITU—T 正式确定 ATM 为 BISDN 的交换和多路复用技术。

总结 ATM 的优点主要有下列几点：

(1) 导入现行业务和未来业务的灵活性；
(2) 带宽的动态分配性；
(3) 信息传输的综合性；
(4) 网络资源的有效利用性；
(5) 保证服务质量（QoS-Quality of Service）的宽带应用性。

二、ATM 网络功能

如前所述，ATM 的目标是在同一网络中支持语音、数据和视频，为了达到这个目标，ATM 应具有以下几种功能。

1. 建立逻辑通路

ATM 用虚连接代替固定的物理信道，即以一种建立虚电路的方式向用户提供服务。因此在信息从终端传送到网络之前，必须先有一个逻辑（虚）连接建立阶段，这个阶段使网络预留必要的资源。如果没有足够的资源可用，就会向请求的终端拒绝这个连接。当信息传送阶段结束后，资源被释放。

2. 允许收发时钟异步工作

通过同步残留时间标志法（SRTS—Synchronous Residual Time Stamp）、自适应时钟法（ACM—Adaptive Clock Method）等业务时钟控制方法，解决收发端业务时钟差异的问题。

3. 提供动态带宽分配，最有效地利用网络资源，以适应 BISDN 的灵活性

ATM是一种能处理复用在同一网络上所有类型业务的技术，因此在ATM网络中不存在任何资源专门化的情况，而是根据各虚电路中所要传递的数据量大小变化情况及时地、动态地分配带宽，即按不同业务需要实时地分配带宽。所有可用资源都能够被所有业务应用。当某条虚电路无数据要传送时，可暂不为其提供带宽，余下的带宽可供其他有传送要求的虚电路使用。

4. 最大程度地减少网络中节点的数目，从而降低交换的复杂性。

5. 传输信息采用短信元格式，保证实时业务所要求的时延小和抖动少。

短信元经网络后形成的时延抖动要比长信元小，有利于图像、视频等时延变化有苛刻要求的业务。

6. 网络资源管理

BISDN必须能够支持包括语音、视频、数据、图像和多媒体在内的多种业务，在进行这些信息传送时必须占用网络资源如传输、交换、缓存和计算资源。由于业务种类繁多，需求QoS也各不相同，如何以高效和简洁的方法进行网络的资源管理成了主要研究的问题。ATM是通过引入虚路径（VP—Virtual Path）的方法进行管理的，这种方法使得网络的组织、构建和管理变得非常灵活和方便。

7. 取消了每条链路上的差错保护和流量控制，以适应BISDN的高速性

传统的网络中（如分组交换），反馈重传的差错保护和流量控制等复杂的协议是引起传输时延过大的一个主要原因。针对这一点，ATM技术将原来X.25分组协议中对每条链路都进行的差错控制、流量控制取消了，在网络中仅完成协议内用户信息透明传输的最基本的功能。这种做法在目前通信网以光纤作为中继线路传输媒质的条件下是可行的，因为光纤传输过程中的误码率很低（可达10^{-12}）。由于取消了每条链路上的差错保护和流量控制，因此使ATM网络具有了较高的信息透明性和时间透明性。

关于信息透明性和时间透明性可做如下解释：

(1) 信息透明性：决定网络无差错地将信息从发源地送到目的地的能力，即网络所引入的端到端差错数能被业务所接受的可能性。

(2) 时间透明性：决定网络无时延、无时延抖动的能力，即网络以最小时间将信息从发源地传送到目的地的可能性。

三、ATM 信元传输和格式

ATM 的传输模式是一种面向分组的模式，它使用异步时分复用技术将不同速率的各种数字业务（如语音、图像、数据、视频）的混合信息流分割成固定字节长度的信元（Cell），在网络中进行快速分组传输和交换。

1. ATM 信元格式

ATM 的基本单位是信元，其格式如图 2-2 所示。

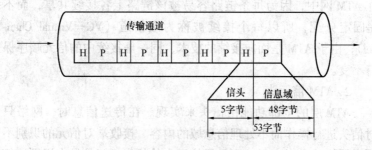

图 2-2　ATM 信元传输和格式

每个信元长度为 53 个字节，前 5 个字节为信元头，后 48 个字节为信息域（数据块）。信元的大小与业务类型无关，任何业务的信息都经过切割封装成相同长度、统一格式的信元分组，在每个分组中加上头标，以到达目的地。信元通过一条虚信道进行传输，路由的选择由信头中的标号决定，如图 2-3 所示。

ATM 采用 5 个字节的信头相当小的信息域，比其他通信协议的信息格式都小的多，这种小的固定长度数据单元就是为了减少

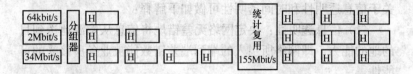

图 2-3　信息分组与统计复用

组装、拆卸信元以及信元在网络中排队等待所引入的时延，确保更快、更容易地执行交换和多路复用功能，从而支持更高的传输速率。这好比火车上的每节车厢，无论是客车还是货车，其车厢大小都是一样的．方便了火车中转时灵活快速地加挂或减少车厢。

信元上的比特位以连续流形式在线路上传输。发送的顺序是从信头的第 1 字节开始，其余字节按增序方式发送。在一个字节内，发送的顺序是从第 8 比特开始，然后递减。对于各域而言，首先发送的比特是最高有效位（MSB—The Most Significant Bit）。在 ATM 网中，因为每条链路容易被该链路上各接续共享，而不是固定分配，所以每个接续被称为虚信道（VC—Virtual Channel），由于 ATM 是面向接续的技术，同一虚接续中的信元顺序保持不变。

2．ATM 信元头

ATM 层的全部功能由信头来实现。在传送信息时，网络只对信头进行操作而不处理信息域的内容。接收端对信元的识别不再靠严格的参考定时，而是靠信元中的信头标记信息来识别该信元究竟属于哪一个连接。因此，在 ATM 信元中，信头载有地址信息和控制功能信息，完成信元的复用和寻路，具有本地意义，它在交换处被翻译、重新组合。图 2-4（a）、(b) 分别是用户—网络接口（UNI—User To Network Interface）的信头结构和网络节点接口（NNI—Network Node Interface）的信头结构。

在 UNI 中，信头字节 1 中的 1～4 比特构成一个独立单元，即一般流量控制（GFC—Generic Flow Control），而在 NNI 中，它属于虚路径标识部分。

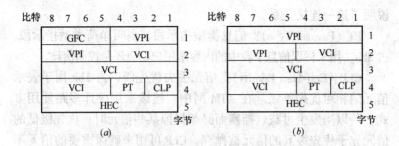

图 2-4　ATM 信头结构
（a）UNI 信头结构；（b）NNI 信头结构

ATM 信头各部分功能分述如下：

GFC：一般流量控制，占 4bit。在 BISDN 中，为了控制共享传输媒体的多个终端的接入而定义了 GFC，由 GFC 控制产生于用户终端方向的信息流量，减小用户侧出现的短期过载。

VPI：虚路径标识码。UNI 和 NNI 中的 VPI 字段分别含有 8bit 和 12bit，可分别标识 2^8 条和 2^{12} 条虚路径。

VCI：虚信道标识码。用于虚信道路由选择，它既适用于用户—网络接口，也适用于网络节点接口。该字段有 16bit，故对每个 VP 定义了 2^{16} 条虚信道。

用 VPI 和 VCI 定义了信元所属的虚路径和虚信道。VPI、VCI 是 ATM 技术中两个最重要的概念，这两个部分合起来构成了一个信元的路由信息，ATM 交换就是依据各个信元上的 VPI 和 VCI 来决定把它们送到哪一条出线上去。一般来说，虚路径就是一组虚信道的组合。当对信元进行交换或复用时，首先必须在虚路径接续（VPC）基础上进行，然后才是虚信道接续（VCC）。图 2-5

图 2-5　ATM 中的 VC 和 VP 关系

说明了这一连接关系。

PT（Payload Type）：信息类型指示段，也叫净荷类型指示段，占3bit，用来标识信息字段中的内容是用户信息还是控制信息。

CLP（Cell Loss Priority）：信元丢失优先级，占1bit用于表示信元的相对优先等级。在ATM网中，接续采用统计多路复用方式，所以当发生过载、拥塞而必须扔掉某些信元时，优先级低的信元先于优先级高的信元被抛弃。CLP可用来确保重要的信元不丢失。具体应用是CLP=0，信元具有高优先级；CLF=1，信元被丢弃。

HEC（Header Error Control）：信头差错控制，占8bit，用于信头差错的检测、纠正以及信元定界。这种无需任何帧结构就能对信元进行定界的能力是ATM特有的优点。ATM由于信头的简化，从而大大地简化了网络的交换和处理功能。

3. 基于ATM的BISDN协议参考模型

ATM技术的目的是给出一套对网络用户服务的系统。通常这些服务系统是由ATM协议参考模型的定义给出的。基于ATM的BISDN协议模型由三个主要区域组成，即用户面、管理面、控制面，见图2-6所示。

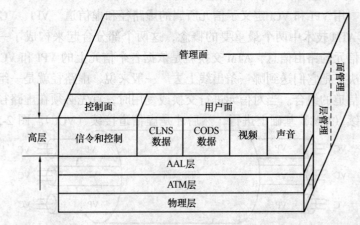

图2-6　BISDN协议参考模型

面的划分主要是根据网络中不同的传送功能、控制功能和管理功能以及信息流的不同种类划分的。

用户面（User）协议。用户面协议主要用于用户间信息通过网络的传送。通常的数据协议、语音和视频应用都包括在这个区域，另外还包括流量控制、差错恢复等。

控制面（Control）协议。控制面协议主要用于信令信息，完成网络与终端间的呼叫控制、连接控制、建立和释放有关的功能。

管理面（Management）协议。管理面协议是性能管理、故障管理及各个面间综合的网管协议，它包括两个功能，分别为层管理功能和面管理功能，层管理功能是一个分层的结构，监控各层的操作，它的功能涉及协议实体中的资源和参数，对于每一层而言，层管理功能处理操作和管理信息流。面管理则对系统整体和各个面间的信息进行综合管理。

在每个平面内，采用了国际标准组织（ISO）标准的开放系统互联（OSI—Open System Interconnection）的分层方法，各层相对独立。按照ITU—T的建议，共定义了四个层：物理层、ATM层、ATM适配层、高层。

(1) 物理层

物理层位于BISDN的最底层，负责信元编码，并将信元交给物理介质。为了实现信元无差错的传输，物理层又被分为物理媒体子层和传输会聚子层，由它们分别保证在光、电信号级和信元级上对信元的正确传送。

1）物理媒体子层（PM—Physical Media Sublayer）

PM子层处理具体的传输介质，只支持和物理媒体有关的比特功能，因而它取决于所用的传输媒质（光缆、电缆）。其主要功能有比特传递和定位校准、线路编码和电/光转换等。其中比特定时功能主要完成产生和接收适于所用媒质的信号波形并插入或抽取比特定时信息以及线路编码和解码。

2）传输会聚子层（TC—Transmission Convergence Sublayer）

TC 子层所做的工作实际上是链路层的工作，完成 ATM 信元流与物理媒体上传输的比特流的转换工作，即把从 PM 子层传来的光电信号恢复成信元，并将它传送给 ATM 层处理或进行相反的操作。主要功能解释如下：

①传输帧的生成和恢复。在 BISDN 中可采用以 SDH 为准的传输帧结构，也可不用传输帧，而采用基于 ATM 信元的结构。在面向帧的传输系统中，TC 子层在发送器产生传输帧，并从接收器的比特流中恢复它。

②信元速率适配。TC 子层从 ATM 层获得的信元速率不一定和线路上的信息传输速率一致，为了填补来自 ATM 层的各信元之间的间隙，应在 TC 子层中产生空信元进行填充操作。空信元具有特定的信头值，接收方利用此值识别空信元并加以抛弃。

③信元定界。信元定界是指从接收到的连续的比特流中确定各个信元的起始位置（即分割出 53 字节的信元）。ITU—T 建议利用信元头中的 HEC 来做信元定界。因为 HEC 固定位置在一个信元的第 5 字节，故找到 HEC 也就可找到信元定界。

④信头差错校正。TC 子层只负责利用信元头中的 HEC 对信元头的前 4 个字节做差错检测和纠错，至于信息域 48 个字节的检错纠错则由终端完成。

(2) ATM 层

ATM 层为异步传递方式层，位于物理层之上，负责生成与业务类型无关的、统一的信元标准格式，完成交换/选路由和复用。ATM 层利用信头中各个功能字段可实现下列 4 种功能。

1) 信元的复用与分解

ATM 层相当于网络层，主要做路由工作，它提供了虚路径（VP）和虚信道（VC）两种逻辑信息传输线路。信元发送时由多个 VP 和 VC 合成一条信元流。接收时进行相反的操作，由一条信元流分解成多条 VP 和 VC。

2) 利用 VPI 和 VCI 寻路

路由功能由虚路径识别码（VPI）和虚信道识别码（VCI）完成。在虚路径处理设备（VPH—VP Handler）和虚信道处理设备（VCH—VC Handler）中读取各个输入信元的 VPI 和 VCI 值，根据信令建立的路由在 ATM 交换区域或 ATM 交叉节点处完成对任意输入的 ATM 信元的 VPI 和 VCI 的数值变换（每一输入信元的 VPI 域值在虚路径节点被译为新的输出 VPI 域值。虚路径识别符和虚信道识别符值在虚信道交换节点处也被译为新阈值），更新各输出信元的 VCI 和 VPI 值。路由功能设置 VPI、VCI 两层的原因是为了得到一种高效的路由方法，避免为计算路由花费大量 CPU 资源，因此 ATM 交换机之间可以只用 VP 交换，ATM 交换机与用户端之间再用 VC 交换。

3) 信头的产生和提取

信头的产生和提取在 ATM 层和上层交互位置完成，在发送方向，信头产生功能从 ATM 适配层接收信元信息域以后，添加一个相应的 ATM 信头（不包括信头校验编码 HEC 序列）；在接收方向，信头提取操作功能抽掉 ATM 信元头部，并将信元信息阈内容提交给上一层 ATM 适配层。

4) 一般流量控制

在接有多个终端的多端口中，根据 GFC 对各个终端间的流量进行控制。该功能定义于用户—网络接口。

(3) ATM 适配层（AAL）

BISDN 协议模型通过 ATM 适配层（AAL）使 ATM 层提供的服务能适应于上层应用的要求。AAL 介于 ATM 层和高层之间，负责将不同类型业务信息适配成 ATM 流。适配的原因是由于各种业务（语音、数据和图像）所要求的业务质量（如时延、差错率等）不同。在把各个业务的原信号处理成信元时，应消除其质量条件的差异。换个角度说，ATM 层只统一了信元格式，为各种业务提供了公共的传输能力，而并没有满足大多数应用层（高层）的要求，故需用一个适配层来做 ATM 层与应用层的桥梁。在 BISDN 中，把 AAL 层向上层提供的通信功能称作 AAL 业务或

AAL 协议。

AAL 按其功能进一步分为两个子层：信元拆装子层和会聚子层。

1）信元拆装子层（SAR—Segmentation and Reassembly Sublayer）

SAR 位于 AAL 层的下面，其作用是将一个虚连接的全部信元组装成数据单元并交给高层或在相反方向上将高层信息拆成一个虚连接上的连续的信元。

2）会聚子层（CS—Convergence Sublayer）

CS 位于 AAL 层的上面，其作用是根据业务质量要求的条件控制信元的延时抖动，在接收端恢复发送端的时钟频率以及对帧进行差错控制和流控。

SAR、CS 所支持的业务划分为 4 类：AAL1、AAL2、AAL3/4、AAL5。

（1）AAL1。AAL1 用来适配实时、恒定比特率的面向连接的业务流，例如未经压缩的语音、图像。主要功能如下：

1）用户信息的分段和重装；
2）信元时延抖动的处理；
3）信元负载重装时延的处理；
4）丢失信元和误插信元的处理；
5）接收端对信源时钟频率的恢复；
6）接收端对信源数据结构的恢复；
7）监控用户信息域的误码和对误码的纠错。

（2）AAL2。AAL2 用来适配实时、可变比特率业务流，如压缩过的图像、语音等。AAL2 是一种全新的 AAL 适配类型，它的设计思想是将用户信息进行分组，分成若干长度可变的微信元，再将其适配到 53 个字节的 ATM 信元中。这样，在一个 ATM 信元里可以同时装入多个不同的业务流。一个 ATM 信元不再仅是一种业务流分组，也就是说一个 ATM 连接可以支持多个 AAL2 的用户信息流，即用户信息流在 AAL 层上复用。这样设计的优点之一是对压缩后的语音业务流降低了拆装时延，提高了效率。其次是节约了 ATM 中 VPI、VCI 的资源，这在 ATM 网络中支持 IP 业务十分重要。可以说 AAL3/4 协议是 ATM 网络最富有挑战性的业务适配。目前 ITU—T 组织正在完善 AAL2 的协议。

（3）AAL3/4。AAL3 与 AAL4 结合形成了公共部分 AAL3/4。AAL3/4 主要用来支持对丢失比较敏感的数据传输。它既可支持面向连接业务，也可支持非连接型业务，连接可以是点到点或点到多点的。它对实时要求不高，但对差错率很敏感。

相对来说 AAL3/4 较复杂且低效，校验位也只有 10bit，所以计算机界又设计了 AAL5，用以简化 AAL3/4 的复杂性。

（4）AAL5。AAL5 是高效数据业务传送适配协议，支持收发端之间没有时间同步要求的可变比特率业务。主要用于传递计算机数据和 BISDN 中的用户—网络之间信令消息和帧中继业务。提出 AAL5 适配协议的主要目的是实现一种开销较低而检错能力较好的适配协议。目前 IP 数据包就是使用的 AAL5 协议。由于 TCP/IP 很热门，所以 AAL5 被广泛利用。AAL5 的格式较简单，校验位为 32bit。另外 AAL5 与 AAL3/4 的主要区别在于 AAL5 不支持复用功能，因而没有多路复用识别（MID—Multiplexing Identification）阈。

（5）高层

高层根据不同的业务（数据、信令或用户信息）特点，完成其端到端的协议功能。如支持计算机网络通信和 LAN 的数据通信，支持图像和电视业务及电话业务等。

上述各层（物理层、ATM 层、AAL 层）的功能全部或部分地呈现在具体 ATM 设备中，比如在 ATM 终端或终端适配器中，为了适配不同的应用业务，需要有 AAL 层功能支持不同业务的接入；在 ATM 交换设备和交叉连接设备中，需要用到信头的选路信息，因而 ATM 层是必须有的支持；而在传输系统中需要物理层功能的支持。BISDN 各层的功能如表 2-1 所示。

BISDN 各层的功能 表 2-1

高层		高层功能
层管理	适配层（AAL）	会聚子层（CS）	处理信元丢失、误传，向高层用户提供透明的顺序传输； 处理信元延时变化； 流量/差错控制
		信元拆装子层（SAR）	分段和重组，产生 48 个字节的 ATM 信元有效负载； 把 SAR-PDU（协议数据单元）交给 ATM 层； 在发送端发生拥塞时监测信元的丢弃； 在接收端接收信元有交负载； 把 SAR-SDU（业务数据单元）交给 CS
	ATM 层	异步传递方式层	一般流量控制； 信元头的产生提取； 信元 VCI、VPI 翻译； 信元的利用与分解
	物理层	传输会聚子层（TC）	信头差错校正； 信元同步； 信元速率适配； 传输帧的生成； 信元的定界
		物理媒体子层（PM）	比特定时（位同步）； 传输物理媒体

第三节　ATM 交换机

一、宽带业务对 ATM 交换机的要求

　　宽带网络覆盖业务的范围十分广泛，传送速率可以是固定的也可以是可变的；对业务的处理可以是实时的也可以是非实时的；不同的业务对于信元丢失率、误码率、时延抖动等服务参数各有特殊的需求。宽带业务的这些特性要求 ATM 交换机具有下

列最基本的能力。

1. 多速率交换

从几 kbit/s～150Mbit/s 范围内的许多速率都要在宽带交换机中进行交换。

2. 多点交换

多点交换要求提供点到点与点到多点的选播/组播/广播连接功能，使 ATM 交换机可以实现将一条入线的信元输出到多条出线上的操作，即信息由内源点向任意目标广播。

VCI 赋值。交换机对 VPI 赋值并对 VCI 变换，XC 只对 VPI 进行变换。可见，ATM 交换实际上就是信头中相应的 VPI/VCI 交换。归纳 ATM 交换机的主要任务应是：

(1) VPI/VCI 变换；

(2) 信元从输入端交换到指定输出端。

为了完成上述任务，ATM 交换机的交换路由选择方式普遍采用两种控制方法：自选路由（Self—Routing）法和表格控制（Table—Controlled）法，目前还有一种自适应控制法，正在试用中。

(1) 自选路由法

通过给信元加一些寻路标识来提供快速的选路功能，利用自选路由模块时，VPI/VCI 的翻译任务必须在交换网络的输入端完成，然后在信头前插入内部标识符，使得交换网络内部的信元格式大于 53Byte。信头扩展要求增加内部网络的速度，每个连接（从输入到输出）都有一个特定的交换网内部标识符，这个内部标识符因交换矩阵而异，在一个点到多点的连接中，给 VPI/VCI 分配一个多路交换标识，根据它复制信元并选路送往各目的端。图2-7是自选路由交换单元构成的交换网络对信头的处理过程。

(2) 表格控制法

在表格控制方法中需要在交换矩阵（SF）内存储大量的路由表，每个表项都包括新的 VPI/VCI 和对应的输出端或链路号。当信元到达 ATM 交换机后，如果交换机读到的 VPI/VCI 与路由表中的一致，就会很快自动找到输出口并更新信头的 VPI/VCI 值，

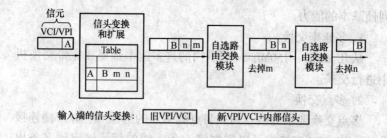

图 2-7 自选路由交换单元构成的交换网络对信头的处理过程

发往下一个节点(信头必须按输出端口的要求进行转换)。图 2-8 是表格控制法交换单元构成的交换网络对信头的处理过程。

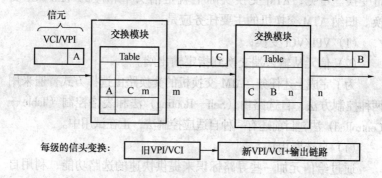

图 2-8 表格控制交换模块

上述两种方法中,自选路由方法在很大程度上减少了控制的复杂性,因此对于大规模的多级交换网络,自选路由方法更可取一些。

3. 多媒体业务支持

ATM 网络中允许接入的业务有不同形式,为了满足每一种媒体的质量要求,对交换机的性能同样有很高要求。ATM 交换机的性能除了由吞吐量、连接阻塞率、误码率和交换时延描述外,还有两个重要参数:信元丢失/信元误码率和时延抖动。下面重点对信元丢失/信元误码率、连接阻塞率和交换时延的要求进行讨论。

(1) 信元丢失/信元误码率

在 ATM 交换机中，有时会出现许多信元争用同一链路的情况，这种情况如果超出了交换机的处理能力，可能会产生信元丢失、信元误码。为了保证语义透明度，必须将信元丢失率限制在一定范围内。要求 ATM 交换机的信元丢失率应在 $10^{-8} \sim 10^{-11}$ 范围之内，即大约每十亿个信元才丢失一个。

(2) 连接阻塞率

在 ATM 网络中，通信双方采用面向连接方式。因此，在输入/输出之间必须通过交换矩阵建立连接。由于 ATM 交换机内部并不实际建立路由，只是在其路由表中指出该连接的信元 VPI/VCI 转换，所以一旦在交换机的入线和出线之间没有足够的可用资源来保证已建立连接的质量，系统就会发生连接阻塞。ATM 的吞吐量衡量 ATM 交换机的容量，其内部连接数量和使用带宽决定了连接阻塞率，要求在尽量扩大 ATM 交换机入线和出线规模的同时设计内部无阻塞（Non—blocking）的交换设备，使 ATM 交换机具有高性能的吞吐量和低指标的阻塞率。

(3) 交换时延

交换时延是指通过交换机交换一个 ATM 信元时所用的时间。要求 ATM 交换机的交换时延值在 $100 \sim 1000 \mu s$ 之间，时延抖动为几百微秒。

二、ATM 交换机的任务

ATM 交换机是 ATM 宽带网络中的核心设备，需要完成物理层和 ATM 层的功能。对于物理层，它的主要工作是对不同传送介质电器特性的适配。对于 ATM 层，它的主要工作是完成 ATM 信元的交换，即 VP/VC 交换。用户发送或接收的信息（如图片、语音、数据）是按照 ATM 信元格式，在交换机的入端与出端通过使用虚路径（VP）、虚信道（VC）完成传输与交换的。

三、ATM 交换机模块

ATM 交换机的基本单元是交换模块（Switching Element）。交换模块通常由三部分组成：互联网络、对应于每条输入线的输入控制器（IC）、对应于每条输出线的输出控制器（OC），如图2-9所示。

图2-9 交换模块一般模型

一般来说，单个交换模块便可实现交换机的基本结构。但对于ATM这种大规模节点容量的交换机来说需要多个交换模块组合构成。

为了避免多个信元因同时竞争同一个输出所造成的信元丢失，每个交换模块内部还应具有缓冲器。

ATM交换模块的结构常有下列几种类型：

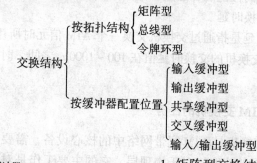

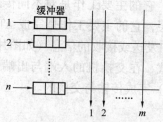

图2-10 输入缓冲型交换结构

1. 矩阵型交换结构

下面以矩阵型结构为例，介绍缓冲器的几种不同配置位置。

（1）输入缓冲型交换结构

图2-10表示的是输入缓冲型交换结构。

在这种结构中，信元缓冲器放置在输入控制器之后。所有由该线进入系统的信元。首先被暂存在缓冲器中,当出线空闲时依次被送到交换单元使交换机内的互联部分和出线上的信元不会发生冲突。

(2) 输出缓冲型交换结构

图 2-11 表示的是输出缓冲型交换结构。

在这种结构中,信元缓冲器放置在每条线路的输出控制器之前。信元不必因为发生冲突而在输入缓冲区中等待。为了避免多个输入端口同时向一个输出端口送出

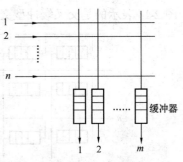

图 2-11 输出缓冲型交换结构

的信元发生冲突,输入信元对高速总线进行复用。另外当矩阵连接点的操作速度与输入线的速度相同时,也可能发生冲突。解决的办法是减少缓冲器访问时间并提高交换矩阵速度。

(3) 共享缓冲型交换结构

图 2-12 表示的是共享缓冲型交换结构。

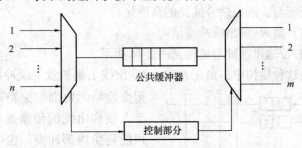

图 2-12 共享缓冲型交换结构

在这种方式中,来自多条入线上的信元写入共享缓冲器。在缓冲器中分别管理各条出线上信元的传送顺序,并按此顺序向各个目的端口读出信元,送往各条出线。在这种结构中需要加一个

控制电路来控制各条进线和出线对共享缓冲器的访问。此外，由于是共享缓冲器，所以要求对缓冲器高速操作。

(4) 交叉缓冲型交换结构

图 2-13 表示的是交叉缓冲型交换结构。

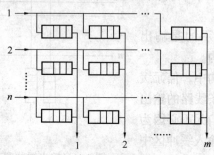

图 2-13 交叉缓冲型交换结构

在这种结构中，缓冲器放置在矩阵的各个交叉接点上，因而能够防止内部阻塞。当到达交叉点上的信元发生竞争时，未被服务的信元暂存在缓冲器中。如果多个队列的信元要去同一输出线，而且这些信元的长度又超过了一个缓冲器的容量，那么控制逻辑需选择一个缓冲器先被服务，由于此结构以线路速率对缓冲器进行读写，所以适合线路的高速化。

(5) 输入/输出缓冲型结构

输入/输出缓冲型结构见图 2-14 所示。

在这种结构中，由于在输入/输出线上都放置了缓冲器，使得交换单元内部的交换速度高于入线和出线的传输速率，所以能避免内部冲突。也可从输入缓冲器中重传被阻塞的信元来挽回信元的丢失。

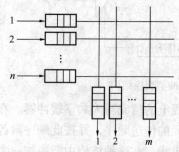

图 2-14 输入/输出缓冲型结构

以上介绍的 5 种交换结构各自具有其优缺点，读者可自己思考，作出判定。

2. 总线型交换结构

总线型交换结构见图 2-15 所示。

总线型交换结构是指所有交换模块间的连接都通过一个高速时分复用(TDM)总线提供的通道完成。其特点是：总线机制

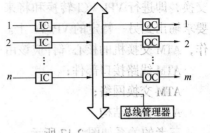

图 2-15 总线型交换结构

完成输入/输出线上的信息交换，总线通过总线管理器进行管理。在总线型中，只有当总线的总容量至少等于所有输入链路容量之和时，才能保证信元无冲突地传输，当然，如果总线系统按比特位并行方式进行数据传输，还可得到高质量传输。

3. 令牌环交换结构

令牌环交换结构见图 2-16 所示。

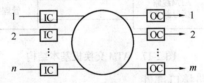

图 2-16 令牌环交换结构

在这种结构中，所有输入和输出控制器通过环形网络相连。环形网络按时隙方式进行工作，为每个入线分配时隙以减少开销。入线占用相应的时隙将其上的信元送上环路，而在任意出线上进行 VCI/VPI 判断，看信元是否由该出线接收。令牌环的优越性在于如果采用合适的策略安排出线和入线位置，并且不将时隙固定分配给特定的入线，同时出线可以强制将接收时隙释放，所以一个时隙可以在一次回环中多次利用，提高时隙实际利用率。

四、ATM 交换机结构

我们已经知道，ATM 交换机的功能就是进行相应的 VP/VC

47

交换，即进行 VPI/VCI 转换和将来自于特定 VP/VC 的信元根据要求输出到另一特定的 VP/VC 上。为了完成传送 ATM 信元的工作，ATM 交换机的核心部件应该由三部分组成：

ATM 线路接口部件；

ATM 交换网络；

ATM 控制结构。

三者的关系如图 2-17 所示。

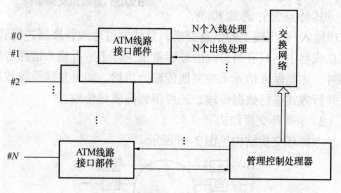

图 2-17　ATM 交换机基本结构

1. ATM 线路接口部件

ATM 线路接口部件的作用是为 ATM 信元的物理传输媒质和 ATM 交换结构提供接口，完成入线处理和出线处理。其中入线处理是对各入线上的 ATM 信元进行处理（诸如缓冲、信元复制、虚信道识别码 VCI 翻译、多个低速设备的多路信息分流等），使它们成为适合送入 ATM 交换单元处理的形式。完成的功能类似于 BISDN 协议模型中将信息由物理层向 ATM 层的提交过程；出线处理则是对 ATM 交换单元送出的 ATM 信元进行处理（诸如缓冲、VCI 翻译、合并等），使它们成为适合在线路上传输的形式，类似于 BISDN 协议模型中将信息由 ATM 层向物理层的提交过程。

为了适应各种现有的和将来的业务，ATM 线路接口部件必须有多种规格，以便能够灵活地提供各种业务和网络配置。

2. 交换网络

ATM交换网络完成的工作是将特定入线的信元根据交换路由选择指令输出到特定的输出线路上。要求ATM交换网络具有：缓冲存取、话务集中和扩展、处理多点接续、容错、信元复制、调度、信元丢失选择和延时优先权等功能。ATM交换网络由基本交换模块构成。

与传统的交换网络一样，ATM交换网络也可分为时分和空分两大类。

时分结构是指所有的输入/输出端口共享一条高速的信元流通路。这条共享的高速通路可以是共享介质型的，也可以是共享存储型的。

空分结构是指在输入和输出端之间有多条通路，不同的ATM信元流可以占用不同通路而同时通过交换网络。其选路方式就是前面所叙述的自选路由方式和表格控制选路方式。

空分结构与时分结构相比，前者不依赖于共享设施。

3. 管理控制处理器

管理控制处理器的功能是指与端口控制器通信，从而对ATM交换单元的动作进行控制和对交换机操作管理。其控制结构由线路板软件以及其他两层高级控制功能组成。对应ATM协议参考模型。控制结构基于分布式处理，以便实现交换能力的模块式扩展。为了可靠性要求，控制结构都是双重配置，而且采用的信元处理算法可实现激活/不激活单元之间的无损伤或大差错倒换。

第四节 通信网接口

一、ATM通信网接口概念

ATM作为BISDN的支撑技术的原因之一是因为同步传递方式（STM）接口结构难以应付日益复杂多变的网络环境，而ATM接口结构才可在一个单一的主体网络上携带多种信息媒体进行多种业务通信，即在业务的信息速率方面，既可以适应低速数据业务（几个至几十 kbit/s），也可以适应高速数据或图像业务（10~150Mbit/s），还可以适应可变速率的业务。用户通过宽带用户—网络接口（B—UNI）可得到多种电信服务业务。考虑到与以 SDH 定义的网络节点接口（NNI）的匹配，规定 B—UNI 的速率为 155.52Mbit/s 和 622.08Mbit/s。

ATM 通信网通过实现用户—网络接口（UNI）、网络节点接口（NNI）、数据交换接口（DXI）和宽带互联接口（B—ICI）的功能和信令，为用户提供包括传元中继在内的各种业务的传送。

二、ATM 通信网接口结构

1. 用户—网络接口（UNI）

UNI 完成用户—网络接口的信令处理和 VP/VC 交换操作。UNI 是 ATM 终端设备和 ATM 通信网间的接口，根据 ATM 专用网和公用网不同，UNI 接口分别称为公用用户—网络接口和专用用户—网络接口 PUNI（Private UNI）。在 ATM 网中如果有一个交换机属于公用网交换机，另一个属于专用网交换机，则二者的接口就应采用公用用户—网络接口。若两个交换机都居于专用网时，接口就应采用专用用户—网络接口 PUNI。

用户—网络接口技术规范包括各种物理接口、ATM 层接口、管理接口和相关信令的定义。ITU—T 对 BISDN 的用户—网络接口的参考配置定义与 ISDN 的接口参考配置的定义相似，如图 2-18 所示。

图 2-18 中的 B—UNI 的功能描述如下：

（1）B—NTI（Network Terminational）。

B—NTI 是网络终端 1，具有用户传输线路用户侧的终端功能和 B—UNI 第一层的功能。

（2）B—NT2。

B—NT2 是网络终端 2，具有第一层和高层的功能。

（3）B—TEI（Terminal Equipment）。

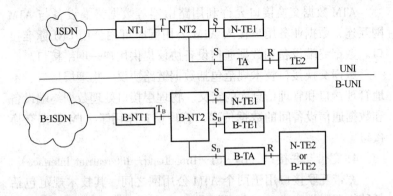

图 2-18 ISDN/BISDN 用户—网络接口的参考配置

B—TEI 是 BISDN 标准功能的终端。

（4）B—TE2。

B—TE2 是非 BISDN 标准功能的终端。

（5）B—TA（Terminal Adaptor）。

B—TA 是终端适配器，对非标准终端提供协议转换功能。即非标准 BISDN 终端加上 B—TA 就可实现 B—TEI 的功能。

B—UNI 在两个方向上的接口速率可以是对称的，也可以是不对称的。例如两个方向可均为 155.52Mbit/s 或是一个方向上为 622.08Mbit/s，另一个方向上为 155.52Mbit/s。终端比特率由网络控制。

2. 网络节点接口（NNI）

NNI 完成网络节点接口的信令处理和 VP/VC 交换操作。其 NNI 是公用网中交换机的接口，PNNI（Private NNI）是专用网中交换机之间的接口。NNI 也可以用在两个专用网或两个公用网中，在公用网中它是网络节点，在专用网中它是交换接口。

网络节点接口标准包括各种物理接口、ATM 层接口、管理接口和相关信令的定义。专用网的网络节点接口结构 PNNI 还包括专用网络节点接口路由选择结构的技术规范。

3. 数据交换接口（DXI—Data Exchange Interface）

ATM 数据交换接口允许利用路由器等数据终端设备与 ATM 网互连，数据业务用户接入 ATM 公用网时可用公用 UNI 标准接口。数据终端设备和数据通信设备协议提供用户—网络接口。

数据交换接口技术规范包括数据链路协议、物理层接口、本地管理接口和管理信息库的定义。物理层接口处理数据终端设备和数据通信设备间的数据传递，管理信息库用于 ATM 数据交换接口。

4. 宽带互联接口（B—ICI—Broadband—Intercarrier Interface）

宽带互联接口用于两个 ATM 公用网之间，其技术规范包括各种物理层接口、ATM 层管理接口和高层功能接口。高层接口用于 ATM 和各种业务互通，如交换的多兆比特数据业务、帧中继、电路仿真和信元中继。

5. LAN 接口（LANI—Local Area Network Interface）

ATM 论坛近年来对 PUNI 上的第二代局域网（ATM—LAN）的物理接口进行了标准化。ATM—LAN 用作校园网或企业内部网络时可采用 100Mbit/s 多模光纤接口，即传统的 FDDI（基于光纤分布式数据接口）的物理规范。

第三章 卫星通信

第一节 概 述

一、卫星通信的基本概念与特点

1. 卫星通信的基本概念

卫星通信是指利用人造地球卫星作为中继站转发无线电信号,在两个或多个地面站之间进行的通信过程或方式。卫星通信属于宇宙无线电通信的一种形式,工作在微波频段。

宇宙通信是以宇宙飞行体或通信转发体作为对象的无线电通信。它可分为三种形式:

(1) 地球站与宇宙站间的通信;

(2) 宇宙站之间的通信;

(3) 通过宇宙站的转发或反射进行的地球站之间的通信。

人们常把第三种形式称为卫星通信。宇宙站是指地球大气层以外的宇宙飞行体(如人造卫星和宇宙飞船等)或其他星球上的通信站。地球站是指设在地面、海洋或大气层中的通信站,习惯上统称为地面站。

卫星通信是在地面微波中继通信和空间技术的基础上发展起来的。微波中继通信是一种"视距"通信,即只有在"看得见"的范围内才能通信。而通信卫星的作用相当于离地面很高的微波中继站。由于作为中继的卫星离地面很高,因此经过一次中继转接之后即可进行长距离的通信。图 3-1 是一种简单的卫星通信系统示意图,它是由一颗通信卫星和多个地面通信站组成的。

由图 3-1 可见,离地面高度为 h_e 的卫星中继站,看到地面

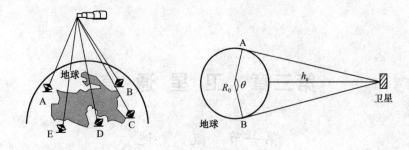

图 3-1 卫星通信示意图

的两个极端点是 A 和 B 点,即 S 长度将是以卫星为中继站所能达到的最大通信距离。其计算公式为:

$$S = R_0\theta = R_0\left(2\arccos\frac{R_0}{R_0 + h_e}\right) \quad (\text{km}) \tag{3-1}$$

式中,R_0 为地球半径,$R_0 = 6378\text{km}$;θ 为 AB 所对应的圆心角(弧度);h_e 为通信卫星到地面的高度,单位为 km。上式说明,h_e 越高,地面上最大通信距离越大。

(1)$h_e = 500\text{km}$ 时,由公式求得 $S = 4892\text{km}$;

(2)$h_e = 35800\text{km}$ 时,$S = 18100\text{km}$。

卫星通信工作频段的选择是个十分重要的问题,它将影响到系统的传输容量、地球站及转发器的发射功率,天线尺寸及设备的复杂程度等。

选择工作频段主要考虑如下几个因素:

(1)天线系统接收的外界噪声要小;

(2)电波传播损耗及其他损耗要小;

(3)设备重量要轻,耗电要省;

(4)可用频段要宽,以满足通信的容量需求;

(5)与其他地面无线系统(如地面微波中继通信系统、雷达系统等)之间的相互干扰要尽量小;

(6)能充分利用现有技术设备,并便于与现有通信设备配合使用等。

由于卫星处于外层空间,即在电离层之外,地面上发射的电磁波必须能穿透电离层才能到达卫星;同样,从卫星到地面上的电磁波也必须穿透电离层,而在无线电频段中只有微波频段恰好具备这一条件,因此卫星通信使用微波频段。

目前大多数卫星通信系统选择在下列频段工作:

(1) UHF 波段(400/200MHz);

(2) L 波段(1.6/1.5GHz);

(3) C 波段(6.0/4.0GHz);

(4) X 波段(8.0/7.0GHz);

(5) K 波段(14.0/12.0;14.0/11.0;30/20GHz)。

由于 C 波段的频段较宽,又便于利用成熟的微波中继通信技术,且天线尺寸也较小,因此,卫星通信最常用的是 C 波段。

2. 卫星通信的特点

卫星通信系统以通信卫星为中继站,与其他通信系统相比较,卫星通信有如下特点:

(1) 覆盖区域大,通信距离远。一颗同步通信卫星可以覆盖地球表面的三分之一区域,因而利用三颗同步卫星即可实现全球通信。它是远距离越洋通信和电视转播的主要手段。

(2) 具有多址连接能力。地面微波中继的通信区域基本上是一条线路,而卫星通信可在通信卫星所覆盖的区域内,所有四面八方的地面站都能利用这一卫星进行相互间的通信。我们称卫星通信的这种能同时实现多方向、多个地面站之间的相互联系的特性为多址连接。

(3) 频带宽,通信容量大。卫星通信采用微波频段,传输容量主要由终端站决定,卫星通信系统的传输容量取决于卫星转发器的带宽和发射功率,而且一颗卫星可设置多个(如 IS-Ⅶ有 46 个)转发器,故通信容量很大。例如,利用频率再用技术的某些卫星通信系统可传输 30000 路电话和 4 路彩色电视。

(4) 通信质量好,可靠性高。卫星通信的电波主要在自由(宇宙)空间传播,传输电波十分稳定,而且通常只经过卫星一次转接，其噪声影响较小，通信质量好。通信可靠性可达99.8%以上。

(5) 通信机动灵活。卫星通信系统的建立不受地理条件的限制，地面站可以建立在边远山区、海岛、汽车、飞机和舰艇上。

(6) 电路使用费用与通信距离无关。地面微波中继或光缆通信系统，其建设投资和维护使用费用都随距离而增加。而卫星通信的地面站至空间转发器这一区间并不需要投资，因此线路使用费用与通信距离无关。

(7) 对卫星通信系统也有一些特殊要求：一是由于通信卫星的一次投资费用较高，在运行中难以进行检修，故要求通信卫星具备高可靠性和较长的使用寿命；二是卫星上能源有限，卫星的发射功率只能达到几十至几百瓦，因此要求地面站要有大功率发射机、低噪声接收机和高增益天线，这使得地面站比较庞大；三是由于卫星通信传输距离很长，使信号传输的时延较大，其单程距离（地面站 A→卫星转发→地面站 B）长达 80000km，需要时间约 270ms；双向通信往返约 160000km，延时约 540ms，所以，在通过卫星打电话时，通信双方会感到很不习惯。

二、通信卫星的种类

目前，通信卫星的种类繁多，按不同的标准有不同的分类。下面我们给出几种常用的卫星种类。

(1) 按卫星的结构可分为：无源卫星和有源卫星两类。

无源卫星是运行在特定轨道上的球形或其他形状的反射体，没有任何电子设备，它是靠其金属表面对无线电波进行反射来完成信号中继任务的。在 20 世纪 50～60 年代进行卫星通信试验时，曾利用过这种卫星。

目前，几乎所有的通信卫星都是有源卫星，一般多采用太阳能电池和化学能电池作为能源。这种卫星装有收、发信机等电子设备，能将地面站发来的信号进行接收、放大、频率变换等其他处理，然后再发回地球。这种卫星可以部分地补偿在空间传输所造成的信号损耗。

(2) 按通信卫星的运行轨道可分为：①赤道轨道卫星（指轨道平面与赤道平面夹角 $\phi = 0°$）；②极轨道卫星（$\phi = 90°$）；③倾斜轨道卫星（$0° < \phi < 90°$）。所谓轨道就是卫星在空间运行的路线。见图3-2。

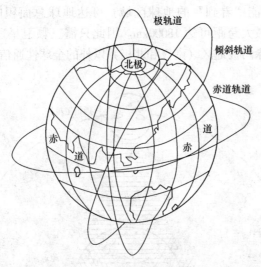

图3-2 通信卫星轨道示意图

(3) 按卫星离地面最大高度 h 的不同可分为：①低高度卫星 $h < 5000km$；②中高度卫星 $5000km < h < 20000km$；③高高度卫星 $h > 20000km$。

(4) 按卫星与地球上任一点的相对位置的不同可分为：同步卫星和非同步卫星。同步卫星是指在赤道上空约35800km高的圆形轨道上与地球自转同向运行的卫星。由于其运行方向和周期与地球自转方向和周期均相同，因此从地面上任何一点看上去，卫星都是"静止"不动的，所以把这种对地球相对静止的卫星简称为同步（静止）卫星，其运行轨道称为同步轨道。

非同步卫星的运行周期不等于（通常小于）地球自转周期，其轨道倾角、轨道高度、轨道形状（圆形或椭圆形）可因需要而

57

不同。从地球上看,这种卫星以一定的速度在运动,故又称为移动卫星或运动卫星。

不同类型的卫星有不同的特点和用途。在卫星通信中,同步卫星使用得最为广泛,其主要原因是:

第一,同步卫星距地面高达 35800km,一颗卫星的覆盖区(从卫星上能"看到"的地球区域)可达地球总面积的 40% 左右,地面最大跨距可达 18000km。因此只需三颗卫星适当配置,就可建立除两极地区(南极和北极)以外的全球性通信。如图 3-3 所示。

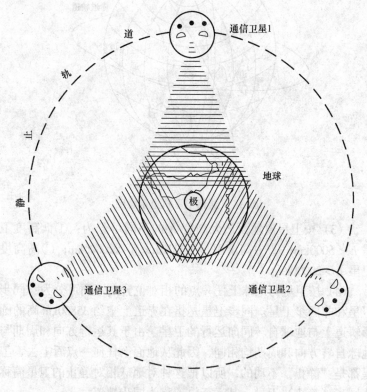

图 3-3 全球卫星通信系统示意图

图 3-3 中,每两颗相邻卫星都有一定的重叠覆盖区,但南、

北两极地区则为盲区。目前正在使用的国际通信卫星系统就是按这个原理建立的，其卫星分别位于大西洋、印度洋和太平洋上空。其中，印度洋卫星能覆盖我国的全部领土，太平洋卫星覆盖我国的东部地区，即我国东部地区处在印度洋卫星和太平洋卫星的重叠覆盖区中。

第二，由于同步卫星相对于地球是静止的，因此，地面站天线易于保持对准卫星，不需要复杂的跟踪系统；通信连续，不像卫星相对于地球以一定的速度运动时那样，需要变更转发当时信号的卫星而出现信号中断；信号频率稳定，不会因卫星相对于地球运动而产生多卜勒频移。当然，同步卫星也有一些缺点，主要表现在：两极地区为通信盲区；卫星离地球较远，故传输损耗和传输时延都较大；同步轨道只有一条，能容纳卫星的数量有限；同步卫星的发射和在轨测控技术比较复杂。此外，在春分和秋分前后，还存在着星蚀（卫星进入地球的阴影区）和日凌中断（卫星处于太阳和地球之间，受强大的太阳噪声影响而使通信中断）现象。

非同步卫星的主要优缺点基本上与同步卫星相反。由于非同步卫星的抗毁性较高，因此也有一定的应用。

三、卫星通信系统分类

目前世界上建成了数以百计的卫星通信系统，归结起来可进行如下分类：

（1）按卫星制式可分为静止卫星通信系统、随机轨道卫星通信系统和低轨道卫星（移动）通信系统。

（2）按通信覆盖区域的范围划分为国际卫星通信系统、国内卫星通信系统和区域卫星通信系统。

（3）按用户性质可分为公用（商用）卫星通信系统、专用卫星通信系统和军用卫星通信系统。

（4）按业务范围可分为固定业务卫星通信系统、移动业务卫星通信系统、广播业务卫星通信系统和科学实验卫星通信系统。

(5) 按基带信号体制可分为模拟制卫星通信系统和数字制卫星通信系统。

(6) 按多址方式可分为频分多址（FDMA）、时分多址（TDMA）、空分多址（SDMA）和码分多址（CDMA）卫星通信系统。

(7) 按运行方式可分为同步卫星通信系统和非同步卫星通信系统。目前国际和国内的卫星通信大都是同步卫星通信系统。

第二节　卫星通信系统的组成及工作原理

一、卫星通信系统的组成

根据卫星通信系统的任务，一条卫星通信线路要由发端地面站、上行线路、卫星转发器、下行线路和收端地面站组成，如图3-4所示。

在图3-4中，其中上行线路和下行线路就是无线电波传播的路径。为了进行双向通信，每一地面站均应包括发射系统和接收

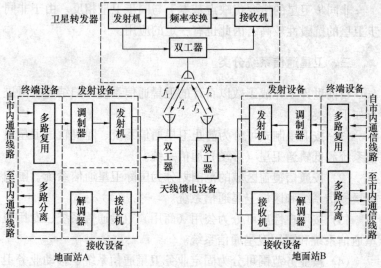

图3-4　卫星通信线路组成框图

系统。由于收、发系统一般是共用一副天线，因此需要使用双工器以便将收、发信号分开。地面站收、发系统的终端，通常都是与长途电信局或微波线路连接。地面站的规模大小则由通信系统的用途而定。转发器的作用是接收地面站发来的信号，经变频、放大后，再转发给其他地面站。卫星转发器由天线、接收设备、变频器、发射设备和双工器等部分组成。

在卫星通信系统中，各地面站发射的信号都是经过卫星转发给对方地面站的，因此，除了要保证在卫星上配置转发无线电信号的天线及通信设备外，还要有保证完成通信任务的其他设备。一般来说，一个通信卫星主要由天线系统、通信系统、遥测指令系统、控制系统和电源系统五大部分组成，如图3-5所示。

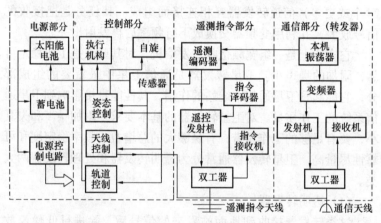

图3-5 通信卫星组成示意图

1. 天线系统

天线系统包括通信用的微波天线和遥测遥控系统用的高频（或甚高频）天线。微波天线根据波束的宽、窄又可分为覆球波束天线、区域波束天线和点波束天线。对静止卫星来说卫星覆球波束天线的波束宽度约为 17°~18°，其增益可达 18dB；点波束天线因波束较窄而具有较高的增益，用来把辐射的电磁波功率集中到地球上较小的区域内。

通信微波天线的波束应对准地球上的通信区域。但是，对于采用自旋稳定方式以保持姿态稳定的静止卫星，由于卫星是旋转的，故要采用消旋天线，才能使波束始终对准地球。常用的有机械消旋天线和电子消旋天线，其消旋原理是用机械的方法或电子的方法，让天线的旋转方向与卫星自旋方向相反，而两者的旋转速度相等，以保证天线波束始终朝着地球上需要通信的区域。

遥测指令天线用于卫星进入静止轨道之前和之后，能向地面控制中心发射遥测信号和接收地面的指令信号。这种天线为甚高频全方向性天线，通常采用倾斜式绕杆天线和螺旋天线等天线。

2. 通信系统（转发器）

静止卫星的通信系统又称为通信中继机，通常由多个（可达24个或更多）信道转发器互相连接而组成。其任务是把接收的信号放大，并利用变频器交换成下行频率后再发射出去。

它实质上是一组宽频带收、发信机，对其要求是工作稳定可靠，附加的噪声小。卫星转发器是通信卫星中最重要的组成部分，它能起到卫星通信中继站的作用，其性能直接影响到卫星通信系统的工作质量。对卫星转发器的基本要求是附加噪声和失真小，要有足够的工作频带，有足够大的总增益，频率稳定度和可靠性尽量高。卫星转发器通常分为透明转发器和处理转发器两大类。

（1）透明转发器

这类转发器接收到地面站发来的信号后，除进行低噪声放大、变频、功率放大外，不作任何处理，只是单纯地完成转发任务。也就是说，它对工作频带内的任何信号都是"透明"的通路。透明转发器有双变频和单变频两种，前者的优点是中频增益高（可达 80~100dB），电路工作稳定，曾用于国际通信卫星IS—I。其缺点是中频频带窄，不适于多载波工作，已很少使用。单变频转发器是先将输入信号直接放大，再变频为下行频率，经功率放大后转发给地面站。单变频转发器实际上是微波放大式转发器，射频带宽可达 500MHz，且由于其输入、输出特性的线性良好，允许多载波工作，适于多址连接，因此得到广泛使用。

(2) 处理转发器

指除了信号转发外，还具有信号处理功能的转发器。与上述双变频透明转发器相比，处理转发器只是在两级变频器之间增加了信号的解调器、处理单元和调制器。先将信号解调，便于信号处理，再经调制、变频、功率放大后发回地面。

3. 遥测指令系统

遥测指令系统包括遥测和遥控指令系统两个部分。

遥测部分的作用是在地球上测试卫星的各种设备的工作情况，包括表示有关部分电流、电压、温度等工作状态的信号；来自各传感器的信息；指令证实信号以及作控制用的气体压力等等。上述各种数据通过遥测系统送往地面监测中心，这些数据传送的方法与通信过程相似，即先通过多路复用、放大、编码等处理后，再调制和传输。

遥控指令系统包括对卫星进行姿态和位置控制的喷射推进装置的点火控制指令，行波管高压电源的开、关控制指令，发生故障的部件与备用部件的转换指令，以及其他由地面对卫星内部各种设备的控制指令等等。指令信号由地面的控制站发出，在卫星转发器内被分离出来。经检波、解码后送至控制设备，以控制各种执行机构实施指令。

4. 控制系统

控制系统包括位置控制和姿态控制两部分。位置控制系统用来消除"摄动"的影响，以便使卫星与地球的相对位置固定。位置控制是利用装在星体上的气体喷射装置由地面控制站发出指令进行工作的。当卫星有"摄动"现象时，卫星上的遥测装置就发给地面控制站遥测信号，地面控制站随即向卫星发出遥控指令，以进行位置控制。

姿态控制是使卫星对地球或其他基准物保持正确的姿态，即卫星在轨道上立着还是躺着。卫星姿态是否正确，不仅影响卫星上的定向通信天线是否指向覆盖区，还会影响太阳能电池帆板是否朝向太阳。

5. 电源系统

通信卫星的电源要求体积小、重量轻和寿命长。常用的电源有太阳能电池和化学能电池。

平时主要使用太阳能电池,当卫星进入地球的阴影区(即星蚀)时,则使用化学能电池。

太阳能电池由光电器件组成。由太阳能电池直接供出的电压是不稳定的,必须经电压调整后才能供给负载。化学能电池可以进行充电和放电。如镍镉蓄电池,平时由太阳能电池给它充电,当卫星发生星蚀时,由太阳能电池转换为化学能电池供电。

6. 卫星通信地面站

在前面已经讲过,任何一条卫星通信线路都包括发端和收端地面站、上行和下行线路以及通信卫星转发器。可见,地面站是卫星通信系统中的一个重要组成部分。

地面站的基本作用是向卫星发射信号,同时接收由其他地面站经卫星转发来的信号。根据卫星通信系统的性质和用途的不同;可有不同形式的地面站。例如,按站址的固定与否、G/T 值的大小、用途、天线口径以及传输信号的特征等多种方法来分类。

(1) 按站址特征分类:可分为固定站、移动站(如舰载站、机载站和车载站等)、可拆卸站(短时间能拆卸转移地点的站)。

(2) 按 G/T 值分类:地面站性能指数 G/T 值是反映地面站接收系统的一项重要技术性能指标。其中 G 为接收天线增益,T 为表示接收系统噪声性能的等效噪声温度。G/T 值越大,说明地面站接收系统的性能越好。

目前,国际上把 $G/T \geq 35\text{dB/K}$ 的地面站定为 A 型标准站,把 $G/T \geq 31.7\text{dB/K}$ 的站定为 B 型标准站,而把 $G/T < 31.7\text{dB/K}$ 的站称为非标准站。

(3) 按用途分类:可分为民用、军用、广播、航海、实验等地面站。

(4) 按天线口径分类：可分为 1m 站、5m 站、10m 站以及 30m 站等等。

(5) 按传输信号的特征分类：可分为模拟通信站和数字通信站。

地面站种类繁多，大小不一，所采用的通信体制也不同，因而所需的设备组成也不一样，但基本组成大同小异。典型的地面站由天线系统、发射系统、接收系统、终端系统、监控系统、电源系统、地面接口及传输分系统等组成，如图 3-6 所示。

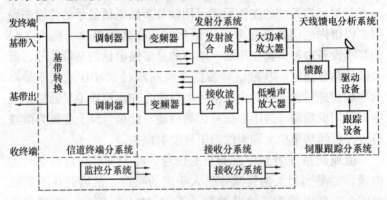

图 3-6 地面站设备组成示意图

1) 天线系统完成发送信号、接收信号和跟踪卫星的任务，是决定地面站容量与通信质量的关键组成之一。天线系统只包括天线、馈线和跟踪设备三个部分。

2) 发射系统的主要作用是将终端系统送来的基带信号进行调制，再经过上变频和功率放大后馈送给天线发往卫星。

3) 接收系统的主要作用是将天线系统收到的由卫星转发下来的微弱信号进行放大、下变频和解调，并将解调后的基带信号送至终端系统。

4) 终端系统有两个作用：一个是对经地面接口线路传来的各种用户信号分别用相应的终端设备对其进行转换、编排及其他基带处理，形成适合卫星信道传输的基带信号；第二个作用是将接收系统收到并解调的基带信号进行与上述相反的处理,然后经地面接口线路送到各有关用户。

5)电源系统对所有通信设备及辅助设备供电。

6)监控系统通过监控台监测各种设备是否发生故障、主要设备的工作参数是否正常等,便于及时处理,以及有效地对设备进行维护管理。

二、卫星通信系统的工作原理

卫星通信系统的工作原理可用频分多路电话信号的传输来说明。以市内通信线路送来的电话信号,在地面站 A(见图 3-4)的终端设备内经多路复用后,输出的是多路电话的基带信号,带宽依话路数而定。基带信号被送至调制器对 70MHz 或频率最高的副载波进行调制成为中频信号。目前,在模拟式卫星通信系统中多采用调频制,故中频信号为调频波,此信号经上变频为微波信号,再经功率放大和天线向卫星发射出去。

由地面站 A 发到转发器去的信号,经大气层和自由空间的传播,要受到很大的衰减并引入一定的噪声,最后到达卫星转发器。在转发器中,将载波频率为 f_1 的上行信号,经接收机将频率变换成较低的中频信号并经放大,然后再变换成载波频率为 f_2 的下行信号。最后经输出级放大,再由天线发向各地面站。

由转发器发射的频率为 f_2 的信号,经自由空间和大气层传播,最后到达 B 站。因转发器的功率小,天线增益低,到达 B 站的信号是很微弱的,必须用高增益天线和低噪声接收机进行接收。被天线接收的信号经双工器、低噪声放大器和下变频器变成中频信号,再送到解调器输出基带信号。最后,利用多路分解设备进行分路,并通过市内通信线路送到各用户。

由 B 站向 A 站传送信号时与上述过程相同,只是上、下行的频率分别为 f_3、f_4。将频率分开是为了避免通信过程中的相互干扰。

第三节 卫星通信系统的多址连接方式

多个地面站通过共同的卫星，同时建立各自的信道，从而实现各地面站相互间的通信称为多址连接。多址连接和多路复用都是信道复用问题。不过，多路复用是指一个地面站把送来的多个信号在群频即基带信道上进行复用，而多址连接则指多个地面站发射的信号，在卫星转发器中进行射频信道的复用。它们在通信过程中都包含多个信号的复合、传输和分离这三个过程，如图3-7所示。其中关键问题是如何在接收端从混合的信号中选出所需要的信号。

图3-7 信号的复合与分离模型

目前，卫星通信的多址连接技术主要采用四种方式，即频分多址（FDMA）、时分多址（TDMA）、空分多址（SDMA）和码分多址（CDMA）。

一、频分多址（FDMA）方式

频分多址是根据各地面站发射的信号频率不同，按照频率的高低顺序排列在卫星的频带里。各地面站的信号频谱需要排列得互相不重叠。也就是说，按照频率不同来区分是哪个站址。频分多址方式如图3-8所示。图中 f_1、$f_2 \cdots f_k$ 为各个地面站所发射的载波频率，B 为卫星转发器的带宽。

频分多址方式是国际卫星通信和一些国家的国内卫星通信较多采用的一种多址方式。这主要是因为频分多址方式可以直接利用地面微波中继通信的成熟技术和设备，也便于与地面微波系统接口直接连接。所以，尽管这种多址方式存在一些缺点，但仍

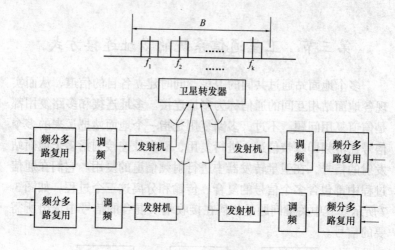

图 3-8 频分多址方式示意图

是卫星通信中采用的多址方式之一。

频分多址方式可以根据多路复用和调制方式的不同，分成如下几种方式。

(1) FDM/FM/FD 方式：这种方式是把要传送的电话信号进行频分多路复用处理，即 FDM；对载波进行调频，即 FM；按照载波频率的不同，区分哪个地面站址，即 FD-MA。

(2) SCPC/FDMA 方式：SCPC 方式的含义是每个话路使用一个载波。这种多址方式中的调制方法可以是 PCM/PSK 或 M/PSK，也可以是比较简单的 FM。SCPC 多址方式是预分配的，如果采用按需分配时，就叫做 SPADE 方式。所谓"SPADE"就是"每路单载波脉冲编码调制—按需分配频分多址方式"的简称。它是目前卫星通信系统实现按需分配的典型实例。

(3) PCM/TDM/PSK/FDMA 方式：这种多址方式是把话音信号进行 PCM 编码；经过 TDM，即时分多路复用；对载波进行 PSK，即相移键控；最后 FDMA，并根据载波频率的不同来区分站址。

除了上面所提到的几种调制方式外，还可以采用其他调制方式。

具体采用哪种方式，要根据对卫星通信系统的用途和要求来决定。

二、时分多址（TDMA）方式

时分多址方式是将通过卫星转发器的信号在时间上分成"帧"来进行多址划分的，在一帧内又划分成若干个时隙（分帧）；将这些时隙分配给地面站，只允许各地面站在所规定的时隙（分帧）内发射信号。时分多址的帧结构图如图3-9所示。图中，在 $T_0 \sim T_1$ 内，A站的信号通过转发器；在 $T_1 \sim T_2$ 内，B站的信号通过转发器；在时间 $T_{n-1} \sim T_n$ 内，第 N 站的信号通过转发器，然后重新轮到A站、B站……发送信号。为了有效利用卫星而又不使各站信号相互干扰，地面站信号所占的时隙排列应该是紧凑且互不重叠的。

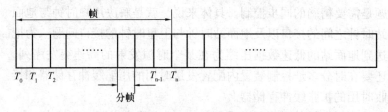

图3-9 时分多址的帧结构

典型的 PCM-TDM-PSK-TDMA 系统的原理方框图如图3-10所示。从长途电话局送来的多路电话信号（例如30路），经地面线路终端装置将模拟信号变换为PCM信号，经时分多路复用后存

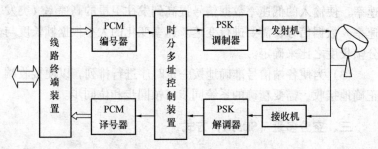

图3-10 PCM-TDM-PSK-TDMA方式

储于时分多路控制装置内。它与该装置产生的"报头"(前置脉冲)一起在调制器中对载波进行相移键控(PSK)调制。最后,经发射机上变频器变换为微波信号并放大到额定电平后发向卫星。各站发射信号的时间应有共同的基准,以保证在指定的时隙进入卫星转发器。

地面站在进行接收时,先将接收到的微波信号送至接收机内。经放大、下变频器得到中频相移键控信号,然后利用解调器得到"报头"和携带信息的 PCM 信号。根据"报头"可以判定是哪个站发给本站的信号。解调后的信号送至时分多址控制装置。根据"报头"控制分帧同步电路,将选出的脉码信号经 PCM 译码器还原为模拟信号,最后经电话网送至用户。

不难看出,在这个系统中维持正常工作,一个非常重要的问题是需要精确的同步控制。具体来说,就是解决用户时钟与地面站时钟之间的接口以及地面站时钟与卫星时钟的接口问题。为把送到地面站的低速数据压缩为在某个时隙发射的高速突发序列,还要在时分多址控制装置内配置发送时用的压缩缓冲存储器和接收时用的扩张缓冲存储器。

从以上简单说明可以看出,TDMA 方式有以下三个特点。

(1) 各地面站发射的信号是射频突发信号,或者说它是周期性的间隙信号。

(2) 由于各站信号在卫星转发器内是串行传输的,所以需要提高传输效率。但是各站输入的是低速数据信号,为了提高传输速率,使输入的低速率数据信号提高到发往卫星的高速率(突发速率)数据信号,需要进行变速。速率变化的大小根据帧长度与分帧长度之比来确定。

(3) 为使各站信号准确地按一定时序进行排列,以便接收端正确地接收,需要精确的系统同步、帧同步和位同步。

三、空分多址(SDMA)方式

空分多址是卫星通信系统中所特有的多址方式,在移动等其他无线通信系统中一般没有这种多址方式。空分多址方式是指在卫星上安装多个天线，这些天线的波束分别指向地球表面上的不同区域。不同区域的地面站所发射的电波在空间不会互相重叠，即使在同一时刻，不同区域的地面站使用相同的频率来工作，它们之间也不会形成干扰。即用天线波束的方向性来分割各不同区域的地面站的电波，使同一频率能够再用，从而容纳更多的用户。与此同时，当然也就要求天线波束的指向非常准确。

一个通信区域内如果有几个地面站，则它们之间的站址识别还要借助 FDMA 或 TDMA 技术。所以，在实际应用中，一般不单独使用 SDMA 方式，而是与其他多址方式相结合。

若要保证空分多址方式的系统正常工作，必须有以下几个同步过程。

（1）由于空分多址方式是在时分多址方式的基础上进行工作的，因此各地面站的上行 TDMA 帧信号进入卫星转发器时，必须保证帧内各分帧的同步，这与时分多址的帧同步相同。

（2）在卫星转发器中，接通收、发信道和窄波束天线的转换开关的动作，分别与上行 TDMA 帧和下行 TDMA 帧保持同步，即每经过一帧，天线的波束就要相应转换一下。这是空分多址方式特有的一个同步关系。

（3）每个地面站的相移键控调制和解调必须与各个分帧同步，这与数字微波中继通信系统的载波同步相同。

从以上讨论可以看出，空分多址方式有以下三个特点：

1）由于空分多址方式必须采用窄波束的天线，卫星天线的辐射功率集中，有利于卫星转发器和地面站采用固体功率器件而变得小型化。

2）由于利用了多波束之间的空分关系，提高了抗同波道干扰的能力。

3）空分多址方式要求卫星的位置和姿态高度稳定，以保证天线窄波束的指向准确。

四、码分多址（CDMA）方式

以上讨论的频分、时分、空分等三种多址方式是目前在国际卫星通信线路中广泛采用或准备采用的主要方式，这三种多址方式的特点是适合在大、中容量的通信系统中应用。但是在某些场合，例如在要求高度机动灵活的军事应用中以及在舰艇、飞机等高速流动站中进行多址通信时，用户的容量很小，但要求能与许多地面站建立通信联系。如果仍然采用上述三种多址方式，就会显得线路分配不灵活，往返呼叫时间太长，而码分多址方式就能适应这些特殊的要求。

码分多址方式区分不同地址信号的方法是：利用自相关性非常强而互相关性比较低的周期性码序列作为地址信息（称地址码），对被用户信息调制过的已调波进行再次调制，使其频谱大为展宽（称为扩频调制）；经卫星信道传输后，在接收端以本地产生的已知的地址码为参考，根据相关性的差异对收到的所有信号进行鉴别，从中将地址码与本地地址码完全一致的宽带信号还原为窄带而选出，其他与本地地址码无关的信号则仍保持或扩展为宽带信号而滤去（称为相关检测或扩频解调），这就是码分多址的基本原理。

由此可见，要实现码分多址，必须具备下列几个条件。

（1）有数量足够多、相关特性足够好的地址码，使系统中每个站都能分配到所需的地址码。这是进行"码分"的基础。

（2）必须用地址码对待发信号进行扩频调制，使传输信号所占频带极大地扩展。把地址码与信号传输带宽的扩展联系起来，是为接收端区分信号完成实质性的准备。

（3）在码分多址通信系统中的各接收端，必须有本地地址码（简称本地码）。该地址码应与对端发来的地址码完全一致，用来对收到的全部信号进行相关检测，将地址码之间不同的相关性转化为频谱宽窄的差异，然后用窄带滤波器从中选出所需要的信号，这是完成码分多址最主要的环节。

所谓地址码的"完全一致",即不但要求码型结构完全相同,而且每个码元、每个周期的起止时间完全对齐,也就是两者应建立且保持位同步和帧同步。这是进行相关检测的必要条件,也是实现码分多址的主要技术问题之一。

与其他多址方式相比,码分多址方式的主要特点在于,所传送的射频已调波的频谱很宽,功率谱密度很低,且各载波可共占同一时域、频域和空域,只是不能共用同一地址码,因此,码分多址具有如下3个突出优点。

(1) 抗干扰能力强。在地址码相关特性较理想和频谱扩展程度较高的条件下,码分多址具有很强的抑制干扰能力,直接表现在扩频解调器的输出信噪比相对于输入信噪比要高得多。

(2) 较好的保密通信能力。由于采用了扩频调制,在信道中传输所需的载波与噪声的功率比很低(约为 −20dB 左右),信号完全隐蔽在噪声、干扰之中,不易被发现;用独特的地址码进行扩频调制相当于一次加密,可以增加破译的困难。

(3) 实现多址连接较灵活方便。近年来,码分多址方式也以很快的增长速度在地面的移动通信系统和无线接入网中得到应用。

第四节 卫星通信新技术

一、甚小天线地面站(VSAT)卫星通信系统

VSAT 是 Very Small Aperture Terminals(甚小天线地面站卫星通信系统)的英文缩写。一般的卫星通信系统用户在利用卫星通信的过程中,必须要通过地面通信网汇接到地面站后才能进行。对于有些用户,如银行、航空公司、汽车运输公司、饭店等就显得很不方便,这些用户希望能自己组成一个更为灵活的卫星通信网,并且各自能够直接利用卫星来进行通信,把通信终端直接延伸到办公室和私人家庭,甚至面向个人进行通信。这样就产生了

VSAT 系统。

VSAT 系统代表了当今卫星通信发展的一个重要方向，它的产生和发展奠定了卫星通信设备向多功能化、智能化、小型化的方向发展。VSAT 系统是由天线尺寸小于 2.4m、G/T 值低于 19.7dB/K、设备紧凑、全固态化、功耗小、价格低廉的卫星用户小站和一个枢纽站组成的通信网，主要用来进行 2Mbit/s 以下低数据的双向通信。VSAT 系统中的用户小站对环境条件要求不高，不需要设在远郊，可以直接安装在用户屋顶，不必汇接中转，可由用户直接控制电路，安装组网方便灵活。因此 VSAT 系统非常迅速地发展起来。

VSAT 系统工作在 14/11GHz 的 Ku 频段以及 C 频段。系统中综合了分组信息传输与交换、多址协议、频谱扩展等多种先进技术，可以进行数据、语言、视频图像、传真、计算机信息等多种信息的传输。

1. 组网形式

VSAT 系统网络的结构形式如图 3-11 所示，分为单跳形式、双跳形式、混合形式和全连接网形式等。

单跳形式的网络又叫做星形网络，如图 3-11（a）所示。各远端 VSAT 站和处于中心城市的枢纽站间，通过卫星建立双向通信信道。这里通常把远端站通过卫星到枢纽站叫做内向信道，反之叫做外向信道。但各远端站不能直接进行通信。

在双跳形式的网络中，各远端站之间可以通过枢纽站进行通信。这种形式的连接需要两次通卫星，所以叫做"双跳"。显然，双跳形式信号产生的时延为单跳形式的时延的两倍，因此双跳只适用于数据业务或录音电话，不适于直接通话。

混合形式是指单跳与双跳混合，如图 3-11（b）所示。

全连接网形式结构如图 3-11（c）所示，网中远端站之间可以不通过枢纽站直接进行双向通信。这样，网中各站设备的成本大为增加，而且网中必须有一个控制站控制全网，并根据各站的业务需要分配信道。

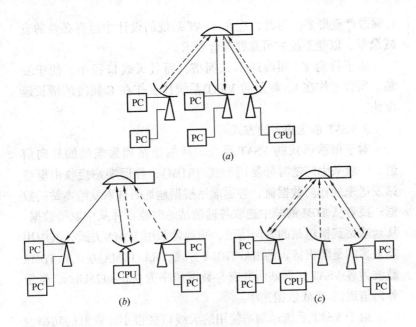

图 3-11 VSAT 组网形式
（a）单跳形式的网络；（b）混合形式的网络；（c）全连接网形式的网络

2. VSAT 系统的工作频段

20 世纪 80 年代初期，由美国赤道通信公司建立了第一个民用的 VSAT 系统，该系统使用 C 波段（6/4GHz）。为了避免对 C 波段的其他卫星通信系统和地面站微波系统进行干扰，采用了扩频技术，以减少发送信号的功率通量密度。扩频技术可使天线的口径减小到 0.6m（非扩频时要求 2～3m），这时利用卫星容量的平均效率要降低，线路中传输数据的速率也降低（平均数据速率低于 9.6～32kbit/s）。

在 Ku 频段（14/11GHz）工作的 VSAT 系统，因为对地面微波系统的干扰不存在，所以允许发送信号的功率通量密度较高。当使用天线口径为 1.2～1.8m 时，传送数据的速率可以提高到 56～512kbit/s。而且相同口径的天线增益，在 14/11GHz 时比在 6/4GHz 时要高 3.4～9.5dB。但是，Ku 频段因大雨引起的衰减比

C 频段严重得多。为此，应在 VSAT 系统的设计中留有必要的衰减余量，以使系统的可靠性符合要求。

由于目前 Ku 频段还不太拥挤，而且天线口径小，便于安装，所以工作在 Ku 频段的 VSAT 系统比工作在 C 频段的增长速度快。

3. VSAT 系统的多址方式

对于单跳形式的 VSAT 系统，从枢纽站到远端站的外向信道，一般采用广播时分复用形式（TDM），各远端站接收由枢纽站发送来的相向数据流，各远端站根据地址码选取发给本站的数据；或者从 TDM 的帧中选取各远端站的时隙，并从中取得数据。从远端站到枢纽站的内向信道，则通常采用 TDMA 方式，其中用得最多的是随机接入的 RA/TDMA 方式。RA/TDMA 方式的 TDMA 载波为各 VSAT 远端站所共有，数据速率为 9.6~128kit/s，低于外向信道的 TDM 数据速率。

由于 VSAT 系统远端站使用的天线口径很小，发射的功率也很小，卫星通信系统处于功率受限状态。因此，这种系统中的卫星容量利用效率，不管是否采用扩频技术，始终是较低的。这里的卫星容量利用效率是指"能同时工作的最大用户数"。

由于扩频信号的功率频谱密度比较低，因此即使天线波束较宽，也不会对邻近的卫星产生明显的干扰。而且扩频措施所具有的处理增益能够抑制从邻近卫星和地面微波系统串进来的窄带信号。所以，扩频多址方式在 VSAT 系统中得到重视。

扩频多址方式（SSMA）是码分多址方式中的一种，系统中所有的地面站都用同一个频带发送信号，在时间上也重叠，只是各站所发送信号中的地址码（即伪随机码）互不相同。接收时，各地面站所收到的信号与相应地址码具有相关性时，才能分离出发给本站的射频载波信号。与相应地址码没有相关性的射频载波信号，只等效于一个低电平的干扰信号。由于 SSMA 方式中各站所发送的信号不需要同步，所以 VSAT 设备较简单而且价格较低。

在 SSMA 系统中，可以采用两种调制方法，即相移键控（PSK/QPSK）或宽频带频移键控（MFSK）。但 MFSK-SSMA 系统可以提供同时工作的用户数目要比 PSK/QPSK-SS-MA 系统多得多。例如在相似条件下，MFSK-SSMA 系统可以容纳 70 个同时工作的用户，而 PSK/QPSK-SSMA 系统只能容纳 46 个。

4.VSAT 系统的分类

按照调制方式、应用目的和传输速率的不同，国外把 VSAT 系统分为 5 类：

(1) 非扩频的 VSAT 工作于 Ku/C 频段，其特点是速率高，使用双向交互通信，工作在 Ku/C 频段，采用 PSK 调制方式。

(2) 扩频 VSAT 工作于 C 频段，采用扩频技术，提供单向或双向数据业务。

(3) 扩频超小口径卫星地面接收站（USAT）工作于 Ku 频段，采用混合扩频调制和访问技术的超小口径的卫星终端(0.3～0.5m 的天线口径)。USAT 用于移动业务和固定业务。

(4) TSAT 工作于 Ku 频段，用于点对点双向话音、数据和图像业务。速率为 T1 或高次群。

(5) TVSAT 工作于 Ku/C 频段，用于文娱节目和商业电视节门的播放，也可传输高质量广播话音和高速数据。

5.VSAT 系统的发展

VSAT 系统在以下 4 个方面可得到进一步的发展。

(1) 降低成本和安装费用。在端站和枢纽站中，利用微波集成电路、数字集成电路、小口径天线和安装方面的新技术进行批量生产，重视软件开发和微处理机的应用，从而提高设备性能且降低成本。

(2) 扩大业务范围。除数据通信业务外，VSAT 系统将逐渐开设压缩编码的话音业务和电视业务。改进数字调制、解调技术和误差编码技术，使话音编码的速率降低到 16kbit/s 以下，视频编码的速率降成 56kbit/s，研制能够满足通信质量要求的更低速率，如 9.6kbit/s、4.8kbit/s、2.4kbit/s 的话音编码器。

(3) 能与各种用户设备、地面网进行连接。由于将来的 VSAT 系统应能与地面上的 ISDN 网连接，所以应当考虑 VSAT 系统接口的标难化。发展对各种接口，如网络之间的接口、国内与国际网间的接门、与移动通信的接口等都能连接，发展成全连接型 VSAT 网络系统。

(4) 开发新的使用、管理、维护更为方便、灵活的网络系统。卫星通信的发展必然会对 VSAT 系统的发展产生很大影响。例如，将来的通信卫星具有更大的功率、多个点波束、星上处理和交换、卫星间的直接连接等特点。

总之，VSAT 系统主要在减小天线直径，降低设备成本，提高系统性能，架设灵活，以及开展双向交互式话音、数据、图像业务等方面迅速发展。

二、低轨道（LEO）移动卫星通信系统

为了实现全球个人通信，人们研究了很多方法，其中的一个方案就是利用低轨道卫星移动通信系统。美国摩托罗拉公司在 1991 年提出用 77 颗卫星，覆盖全球的移动电话系统，这个方案和铱原子外围包围着 77 个电子的原子结构很相似，所以被称为"铱系统"。

这 77 颗卫星分成 7 组，每组 11 颗，分布围绕在地球上空、经度上距离相等的 7 个平面内的低轨道上；后又改为 66 颗小型智能卫星在地面上空 765km 处围绕 6 条低地轨道运行，卫星与卫星之间可以接力传输，从而使卫星天线的波束覆盖全球表面。这样，在地面的任何地点、任何时间，总有一颗卫星在视线范围内，以此来实现全球个人通信。

这种系统中的卫星离地面高度较低，约为 765km，所以叫做低轨道卫星。由于卫星离地球表面较近，每颗卫星能够覆盖的地球表面就比静止卫星小得多，但是仍然比地面上移动通信的基站覆盖的面积大得多，从而使系统中卫星的覆盖区域能布满整个地球表面。这时，卫星与移动通信用户之间的最大通信距离不超过

2315km,在这样的距离内,可以使用小天线、小功率、重量轻的移动通信电话机,通过卫星直接通话。

低轨道卫星移动通信系统与地面蜂窝式移动电话系统的基本原理相似,都采用划分小区和重复使用频率的方法进行通信;不同的是低轨道卫星移动通信系统相当于把地面蜂窝式移动电话系统的基站安装在卫星上。低轨道卫星体积小,重量轻,只有500kg左右,利用小型火箭就可以发射,便于及时更换有故障的卫星,有利于提高系统的通信质量和可靠性。

摩托罗拉所属的"铱星"公司因市场定位及营销体制失误等原因,已于2000年5月宣布倒闭,投入运行仅仅两年的"铱"系统已终止服务。但是低轨道卫星移动通信系统并没有被丢弃,许多国家和公司还在继续研究开发这一系统。提出低轨道卫星方案的公司有近10家,除了"铱星"外,目前还有全球星(Globalstar)系统,8个轨道,48个卫星;白羊(Aries)系统,48颗卫星;柯斯卡(Coscon)系统,4个轨道,32颗卫星;卫星通信网络(Teledesic)系统,21个轨道,840颗卫星。

三、中轨道(MEO)移动卫星通信系统

低轨道(LEO)卫星移动通信系统易于实现手持机个人通信,但由于系统中卫星数量多、寿命短,运行期间要及时补充替代卫星,使系统投资较高,因此,许多中轨道(MEO)卫星移动通信系统的设计方案便应运而生。有代表性的MEO卫星系统主有Inmarsat—P(ICO,中高度圆形轨道),TRW公司提出的Odyssey(奥德赛),欧洲宇航局开发的MAGSS—14等。其中ICO和Odyssey两个系统的星座和地面设施极为相似,采用了相同的轨道高度、几乎相同的倾角和多波束天线。

1.Odyssey系统

Odyssey系统采用中轨道星座,包括3个高度为10354km的圆轨道,每个轨道分布4个卫星。Odyssey可以分阶段实施,初期计划只发射6个卫星,提供基本服务,待12个卫星配置完成,

可实现全球双重覆盖（看到两个卫星），通过终端的分集接收能够进一步提高通信质量。系统平均仰角55°，最小仰角26°，因此链路需要的余量较小。

每个卫星有37个点波束，形成一个预覆盖的成形波束。该系统的特有性能是可以通过卫星姿态控制改变天线波束指向，从而实现对系统容量的动态分配，同时转发器功率也可以动态分配，所以能够将75%的容量分配给只占一个卫星服务区10%的高业务量地区。

Odyssey系统的移动用户终端到卫星的链路采用L频段（1610～1926.5MHz），卫星到移动用户终端采用S频段（2483.5～2500MHz），卫星与固定地球站之间采用Ka频段（上行29.5～33GHz，下行19.5～20GHz）。

系统多址方式采用CDMA，7.5MHz带宽分为3段，扩频带宽为2.5MHz。

系统的地面段包括卫星管理、系统操作中心、关口站、地球站和地面网络等。全球系统共需地球站10个左右，每个地球站可有多个关口站与公共交换电话网（PSTN）相连。每个地球站配备4个直径5m的跟踪天线，天线之间相距30km，3个天线用于同时与多个卫星通信，另外一个天线用于捕获卫星，以便实现卫星间的切换。

系统的用户终端以手持机为主，手持机采用双模式，可工作在Odyssey系统和地面移动通信系统，并能够自动切换。手持机的平均发射功率为0.55W。采用4.8kbit/s低速率语音编码，信道调制方式为OQPSK。

Odyssey系统的主要特点是：

（1）由于采用中轨道，仰角较高，双重覆盖可使用分集接收，所以可靠性和可用性都较高。

（2）具有容量动态分配性能，提高了系统销路效率和灵活性。

（3）采用CDMA技术，系统的抗干扰性能和保密性较好。

2. ICO 系统

ICO 系统即原来的 InmarsatP—21 系统，后来改称为 ICO 系统。在提出该系统的过程中，Inmarsat 曾对同步轨道、中轨道和低轨道进行反复论证，其间曾有十几家公司参与，在 1993 年排除了 LEO 方案，1994 年又否定了 GEO 方案，最后确定选择中轨道（MEO）方案。

ICO 系统采用两个高度为 10350km、倾角为 45°的圆轨道，共有 10 个卫星，另外备份 2 个卫星。

ICO 系统在卫星与固定站（接续站）之间使用 Ka 频段，卫星与移动用户终端之间使用 S 频段。

系统采用 TDMA 多址方式，每个卫星约有 700 条 TDMA 载波，每条载波速率为 36kbit/s。每条载波支持 6 条信道，每条信道信息速率为 4kbit/s，编码后为 6kbit/s。

ICO 系统的地面段包括接续站（SAN）和关口站，全系统共需设 12 个接续站，每个接续站可以连接若干关口站，关口站用于 ICO 网与地面公用网和移动网连接。

ICO 系统的手持机为双模式，要求体积小于 300cm^3，重量约 300g。

四、静止轨道（GEO）移动卫星通信系统

静止轨道移动卫星通信系统与低轨道卫星移动通信系统的区别之处在于，它是利用静止卫星进行移动通信。用户可以使用便携式的移动终端，通过同步通信卫星和地面站，并经由通信网中转，进行全球范围的电话、传真和数据通信。

GEO 卫星系统由于其覆盖面积广，原则上，只需要 3 颗卫星适当配置，就可建成除地球两极附近地区以外的全球不间断通信。因此，自 20 世纪 60 年代以来，人类已将数以百计的通信广播卫星送入 GEO，在实现国际远距离通信和电视传输方面，这些卫星一直担当主角。但是，GEO 也存在着一些固有缺陷。

（1）自由空间中，信号强度反比于传输距离的平方。GEO 距

离地球过远,需要有较大口径的天线。

(2) 信号经远距离传输会带来较大时延。在电话通信中,这种时延会使人感到明显的不适应。在数据通信中,时延限制了反应速度,对于现在的台式超级计算机来说,半秒钟的时延意味着数亿的信息滞留在缓冲器中。

(3) 轨道资源紧张。GEO 只有一条,由于地球站天线分辨卫星的能力受限制于天线口径的大小,相邻卫星间隔又不可过小。在 Ka 频段(17GHz~30GHz)为了能够区分出 2°间隔的卫星,地球站天线口径的合理尺寸应不小于 66cm。按此计算,GEO 只能提供 180 颗同步轨道位置。这其中还包括了许多使用价值较差、位于太平洋上空的位置。

目前,海事卫星(INMARSAT)系统是世界上能对海、陆、空中的移动体提供静止卫星通信的惟一系统。INMARSAT 网的卫星分布在大西洋、印度洋和太平洋上空,形成全球性的通信网。地面站有岸站和大量的船站,船站之间通信时经岸站双跳中继。星船之间的工作频率是 1.5~1.6GHz,星岸之间用 6/4GHz。目前,INMARSAT 网提供的业务有电话、用户电报、利用电话电路的数据传输(话路数据速率为 2.4kbit/s)、遇难安全通信(利用电话和用户电报)、高速数据(船→岸单向,56kbit/s)和群呼(电报)等。

除上述介绍的卫星通信系统以外,卫星通信在其他领域例如在军事、气象、资源探测、侦察、宇宙通信、科学实验、业务广播、全球定位等的应用也十分广泛。在将来要实现的个人通信中,卫星也是必不可少的核心支柱之一。

第四章 数字微波中继通信

第一节 概 述

一、数字微波中继通信的发展

1931年出现了最初的调幅微波通信系统,它的工作频率为1.67GHz。在第二次世界大战后,由于雷达技术的发展,微波技术和微波中继通信得到了迅速的发展。从1947至1951年,相继出现了4GHz480路电话和一个电视波道的多路微波中继通信系统。1951年"TDZ"设备开始使用,它的工作波长为7.5cm,具有6个宽频带双向波道,每个高频波道可通一路电视节目或600路电话的调频多路微波通信系统,之后发展为每个波道可通1200路电话,共有10个双向波道的"TD-3"系统。1960年出现了具有8个波道,每个波道容量为2200路电话或一个彩色电视节目再加几百路电话的6GHz宽频带系统。20世纪70年代,调频微波通信已把每个波道的电话容量扩大到2700路。随着通信领域各种通信方式的出现和数据交换对通信的要求,微波通信技术得到了迅速发展。自1965年来,各国相继投入了对2、4、6、8、11、15、20GHz及毫米波段的数字微波通信系统的研究,相继出现了2PSK、4PSK、8PSK(移相键控)的调制方式,以及16QAM、64QAM(正交调幅)等新型的调制和解调方式,其传输速率可达几百Mbit/s。

我国的数字微波通信研究开始于20世纪60年代。在20世纪60年代至70年代初为起步阶段,研制出了小、中容量数字微波通信系统,并很快投入了使用,调制方式以四相相移键控

(QPSK)为主,并有少量设备位用了八相相移键控(8PSK)调制。20世纪80年代,我国数字微波通信的单波道传输速率上升到140Mbit/s,调制方式一般采用正交幅度调制16QAM,同时自适应均衡、中频合成和空间分集接收等高新技术开始出现。20世纪80年代后期至今,随着同步数字序列(SDH)在传输系统中的推广应用,数字微波通信进入了重要的发展时期。目前,单波道传输速率可达300Mbit/s以上,为了进一步提高数字微波系统的频谱利用率,同波道交叉极化传输、多重空间分集接收和无损伤切换等技术得到了使用。这些新技术的使用将进一步推动数字微波中继通信系统的发展。

二、数字微波通信的特点

数字微波通信是用微波作为载波来传递数字信号的一种通信方式,它同时具有数字通信和微波通信的一些特点,具体如下:

1. 抗干扰能力强、线路噪声不积累

由数字通信原理知,数字信号是可以再生的,因此数字微波通信中的中继站大多采用再生中继的方式,只要中继站接收到的信号中的干扰没有大到对信码判决产生影响的程度,经过判决识别后,就可以把干扰清除掉,再生出与发端一样的波形,向下一站转发。正是数字信号的再生使数字微波中继通信的线路噪声不逐站积累。但必须指出的是,一旦干扰对数字信号造成了误码,那么在以后的传输过程中被纠正过来的可能性很小,因此误码是逐站积累的。

2. 保密性强

数字微波中继通信的保密性强表现在两个方面:一是数字信号易于加密,除了在设备中已采用扰码电路外,还可以根据要求加入相应的加密电路;二是微波通信中使用的天线方向性好,因此偏离微波射线方向是接收不到微波信号的。

3. 便于组成数字通信网

数字微波通信系统中传输的是数字信息,便于与各种数字通信网相连，并且可以用计算机控制各种信息的交换。

4. 设备体积小、功耗低

数字微波中继通信设备的体积小、功耗低主要表现在两个方面：一是因为传输的是数字信号，所以设备中大量采用集成电路，使得设备的体积变小，电源的损耗降低；二是数字信号的抗干扰能力强，这样就可减小微波设备的发信功率，从而使功放的体积变小、功耗降低。

5. 占用频带宽

数字通信比模拟通信占用的信道频带宽。以电话通信为例，一路模拟电话通常占用 4kHz 带宽，而一路数字电话（速率为 64kbit/s）在理想情况下至少需要 32kHz 的传输带宽，这是模拟电话带宽的 8 倍之多。因此在同等传输带宽情况下，数字微波通信系统的传输容量要小于模拟微波通信系统。目前随着新的调制技术的发展以及频带压缩技术的应用，数字微波通信系统的这一不足正日益得到改善。

三、数字微波通信系统的性能指标

数字微波通信系统的性能指标包括很多项。但最重要的是对传输容量和传输质量这两个方面的要求，传输质量是由误码率体现的，而误码的原因取决于噪声干扰、码间干扰和定时抖动，且噪声干扰是主要因素。另外，在无线通信中。由于频谱是一种宝贵的资源，因此，在单位频率上能传输的信息速率，即频带利用率也是一个很重要的指标。

1. 传输容量

在数字通信系统中，传输容量是用传输速率表示的，有两种表示传输速率的方法。

（1）比特传输速率 R_h：又称为比特率或传信率，指每秒钟所传输的信息量，单位为比特/秒，简写为 bit/s。

（2）码元传输速率 R_B：又称为传码率，指每秒钟所传输的码元数，单位为波特，简写为 B。

对于二进制来说，比特速率与码元速率相等，即 $R_b = R_B$；对于 M 进制来说 $R_b = R_B \log_2 M$。

2. 频带利用率

数字通信在信号传输时，传输速率越高，所占用的信道频带越宽。为了体现信息的传输效率，采用频带利用率这一指标，它定义为单位频带内的比特传输速率。

3. 传输质量

传输质量用误码率来表示，有两种表示误码率的方法。

(1) 比特误码率 P_b：又称为误比特率，定义为错误接收的比特数和接收总比特数的比值。

(2) 码元误码率 P_e，又称为误码率，定义为错误接收的码元数和接收总码元数的比值。

显然对于二进制系统来说，$P_b = P_e$。

第二节　数字微波中继通信系统组成

一、数字微波传输线路组成

数字微波传输线路的组成形式可以是一条主干线，中间有若干分支，也可以是一个枢纽站向若干方向分支。但不论哪种形式，根据各站所处位置和功能不同，数字微波通信系统总是由图4-1中给出的几部分组成。

1. 用户终端

用户终端指直接为用户所使用的终端设备，如自动电话机、电传机、计算机、调度电话机等。

2. 交换机

交换机是用于功能单元、信道或电路的暂时组合以保证按要求进行通信操作的设备，用户可通过交换机进行呼叫连接，建立暂时的通信信道或电路。这种交换可以是模拟交换，也可以是数字交换。

3. 数字终端机

数字终端机的基本功能是把来自交换机的多路音频模拟信号变换成时分多路数字信号，送往数字微波传输信道，以及把数字微波传输信道收到的时分多路数字信号反变换成多路模拟信号，送到交换机。

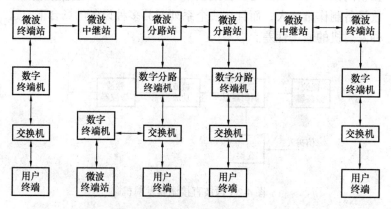

图 4-1　数字微波中继通信系统组成

4. 微波站

微波站的基本功能是传输数字信息。按工作性质不同，可分为数字微波终端站、数字微波中继站和数字微波分路站三类。微波站的主要设备包括数字微波发信设备、数字微波收信设备、天线、馈线、铁塔以及为保障线路正常运行和无人维护所需的监测控制设备、电源设备等。

二、数字微波收发信设备

下面仅对设置在微波站的数字微波收、发信设备的组成方案作一简单介绍。

1. 发信设备。发信设备利用经过处理的数字信号对载波进行调制，使之成为微波信号并发送出去。

由于不同的中继站形式有不同的发信设备组成方案，所以数字微波发信设备通常有如下两种组成方案。

(1) 微波直接调制发射机。微波直接调制发射机的方框图如图 4-2 所示。来自数字终端机的信码经过码型变换后直接对微波载频进行调制,然后,经过微波功放和微波滤波器馈送到天线,由天线发射出去。这种方案的发射机结构简单,但当发射频率处在较高频率时,其关键设备微波功放比中频调制发射机的中频功放设备制作难度大,而且在一个系列产品多种设备的场合下,这种发射机的通用性差。

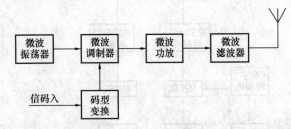

图 4-2 微波直接调制发射机

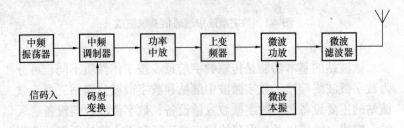

图 4-3 中频调制发射机

(2) 中频调制发射机。中频调制发射机的方框图如图 4-3 所示。来自数字终端机的信码经过码型变换后,在中频调制器中对中频载频(中频频率一般取 70MHz 或 140MHz)进行调制,获得中频调制信号,然后经过功率中放,把这个已调信号放大到上变频器要求的功率电平。上变频器把它变换为微波调制信号,再经微波功率放大器放大到所需的输出功率电平,最后经微波滤波器输出馈送到天线。由发射天线将此信号送出。可见,中频调制发射机的构成方案与一般调频的模拟微波机相似,只要更换调制、解调单元，就可以利用现有的模拟微波信道传输数字信息。因此，在多波道传输时，这种方案容易实现数字——模拟系统的兼容。在不同容量的数字微波中继设备系列中，更改传输容量一般只需要更换中频调制单元，微波发送单元可以保持通用。因此，在研制和生产不同容量的设备系列时，这种方案有较好的通用性。

2. 收信设备。数字微波收信设备的组成一般都采用超外差接收方式，其组成方框图如图 4-4 所示。它由射频系统、中频系统和解调系统三大部分组成。来自接收天线的微弱的微波信号经过馈线、微波滤波器、微波低噪声放大器和本振信号进行混频，变成中频信号，再经过中频放大器放大、滤波后送解调系统实现信码解调和再生。

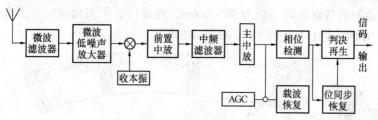

图 4-4 收信设备组成

射频系统可以用微波低噪声放大器，也可以不用微波低噪声放大器而采用直接混频方式，前者具有较高的接收灵敏度，而后者的电路较为简单。天线馈线系统输出端的微波滤波器用来选择工作信道的频率，并抑制邻近信道的干扰。

中频系统承担了接收机大部分的放大量，并具有自动增益控制（AGC）的功能，以保证到达解调系统的信号电平比较稳定。此外，中频系统对整个接收信道的通频带和频率响应也起着决定性的作用。目前，数字微波中继通信的中频系统大多采用宽频带放大器和集中滤波器的组成方案。由前置中放和主中放完成放大功能，由中频滤波器完成滤波的功能，这种方案的设计、制造与调整都比较方便，而且容易实现集成化。

数字调制信号的解调有相干解调与非相干解调两种方式。由于相干解调具有较好的抗误码性能，故在数字微波中继通信中一般都采用相干解调。相干解调的关键是载波的提取，即要求在接收端产生一个和发送端调相波的载频同频、同相的相干信号，这种解调方式又叫做相干同步解调。另外，还有一种差分相干解调也叫延时解调电路，它是利用相邻两个码元载波的相位进行解调，故只适用于差分调相信号的解调。这种方法电路简单，但与相干同步解调相比较其抗误码性能较差。

三、中继站的中继方式

微波频段的频率范围一般在几百兆赫至几十吉赫，其传输特点是在自由空间沿视距传输。由于受地形和天线高度的限制，两点间的传输距离一般为 30~50km，当进行长距离通信时，需要在中间建立多个中继站，如图 4-5 所示。

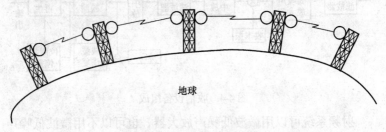

图 4-5 微波中继信道的构成

数字微波中继通信系统有三种中继方式，中继方式不同，设备组成也就不同。图 4-6~图 4-8 示出了这三种中继方式的工作框图。

1. 再生转接/中继

载频为 f_1 的接收信号经混频变换成中频，经中频放大送至解调电路，解调后信号经判决再生电路还原成原信码脉冲序列。还原的信码脉冲序列再对发射机的载频进行数字调制，再经变频和功放以 f_2 的载频经由天线发射出去。其特点是：用数字接口，

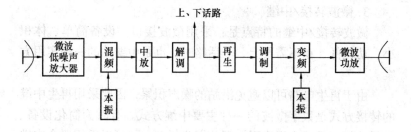

图 4-6　再生转接/中继

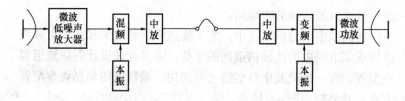

图 4-7　中频转接/中继

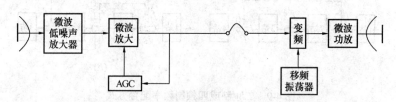

图 4-8　微波转接/中继

可消除噪声积累,还可以上、下话路,是数字微波中继通信最常用的转接方式。采用这种转接方式,各类微波站的设备可通用。

2. 中频转接/中继

载频为 f_1 的接收信号经混频得到中频调制信号,经中频放大到一定的信号电平后再经中频功放上变频得到频率为 f_2 的微波调制信号,再经微波功放放大后发射出去。其特点是:采用中频接口,常用于模拟微波中继通信。由于省去了调制解调电路,所以设备较简单,功耗较少。只能增加通信距离,不能消除噪声积累,也不能上、下话路。

3. 微波转接/中继

微波转接/中继的特点是：采用微波接口。设备简单、体积小、功耗低，在不需要上、下话路时，也是中继站的一种实用方案。

由于再生电路可以避免沿站的噪声积累，因此采用再生中继的转接方式是数字微波的一种主要中继方式。有时为简化设备、降低功耗以及减少再生引入了位同步抖动，也可以采用混合中继方式，即在两个再生中继站之间的一些上、下话路的地方采用中频转接或微波转接的中继站。

在微波中继通信系统中，为了提高频谱利用率和减小射频波道间或邻近路由的传输信道间的干扰，需要合理设计射频波道频率配置。在一条微波中继信道上可采用二频制或四频制频率配置方式，其原理如图4-9所示。

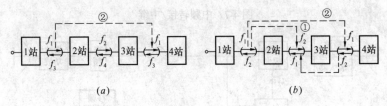

图 4-9 二频制或四频制频率配置方式
(a) 四频制频率配置方式；(b) 二频制频率配置方式

第三节 数字微波传播特性与抗衰落技术

一、微波在自由空间的传播损耗

由于电波在传播过程中，除收、发天线间的视距传播外，发信天线发出的电波还会经过其他途径到达收信天线，这当中地形、大气的影响最大。为简化电波传播计算，工程上通常先假想电波在自由空间传播，得到自由空间的传播特性，然后再考虑地形、大气对之影响，最后将两者综合起来。实践证明，这样所得到的结果其精确度足以满足工程设计的要求。

自由空间又称理想介质空间，它充满均匀、理想介质，电波传播不受阻挡，不发生反射、绕射、散射和吸收等现象。所以电波在自由空间传播总能量不会损耗。但是实际的电波是以一个球面波的形式在自由空间传播，距离波源越远，球的表面积越大（$4\pi d^2$），到达接收点单位面积上的能量就越少，这种因电波在自由空间的传播扩散而造成的能量

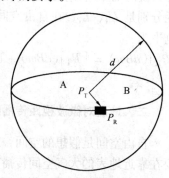

图4-10 自由空间传播损耗计算示意图

衰减就被称为电波在自由空间的传播损耗。计算自由空间传播损耗的示意图如图4-10所示。

假想自由空间A点、B点分别有一无方向发信天线、收信天线。发信功率为P_T的发信天线对空辐射，电波能量均匀扩散。分布在以A点为球心，以A、B距离为半径的球面接收点B单位面积上平均功率为

$$P_{RO} = \frac{P_T}{4\pi d^2} \tag{4-1}$$

按照天线理论，无方向天线的有效面积为

$$S_E = \frac{\lambda^2}{4\pi} \tag{4-2}$$

这样在B点，无方向天线收到的电波功率为

$$P_R = \frac{P_T}{4\pi d^2} \cdot \frac{\lambda^2}{4\pi} = P_T \left(\frac{\lambda}{4\pi d}\right)^2 \tag{4-3}$$

自由空间的传播损耗就等于P_T与P_R之比

$$L = \frac{P_T}{P_R} = \left(\frac{4\pi d}{\lambda}\right)^2 \tag{4-4}$$

实际上，微波中继通信中的收发天线均为定向天线，若设收

发天线的功率增益分别为 G_R、G_T，考虑收发天线两端的馈线损耗分别是 L_R、L_T，在自由空间传播条件下，接收点的收信功率电平为

$$[P_R](dBm) = [P_T](dBm) + [G_R] + [G_T] - [L_R] - [L_T] - [L] \tag{4-5}$$

二、地面对微波视距传播的影响

自由空间是假想的空间，对于微波中继通信来说，电磁波主要在靠近地表的大气空间传播。地形对微波波束会产生反射、折射、散射、绕射以及吸收，所有这些都会影响电波传播的能量，且反射的影响量大。

为分析地面对电波的反射影响，首先忽略地面对电波的吸收，即分析光滑平坦地面对电波的反射影响。

1. 光滑地面的反射损耗

若两站很近不用考虑地球的曲率时，可以认为地面是平面。对光滑地面或水面，它们能把发射天线发出的一部分电磁波能量反射到接收天线，如图 4-11 所示。在收信点 R 处收到的是直射波、反射波的合成波。如果天线足够高，可认为直射波是自由空间波，其场强为 $E_1 = E_0$，反射波的大小和相移与地面的反射能力以及反射波经过的路径有关，即反射波场强为

$$E_2 = E_0 \rho \exp(-j2\pi\Delta\gamma/\lambda) \tag{4-6}$$

收信点的合成波场强为

$$E_2 = E_0(1 + \rho\exp(-j2\pi\Delta\gamma/\lambda)) \tag{4-7}$$

式中 ρ 是地面反射系数，$0 < \rho < 1$，$\rho = 1$ 为全反射，$\rho = 0$ 无反射。$\Delta\gamma$ 是直射波与反射波的行程差，由图 4-11 可得 $\Delta\gamma = (TO + OR) - TR \approx 2h_1h_2/d$，$2\pi\Delta\gamma/\lambda = \Delta\psi$ 是行程差引起的直射波与地面反射波的相位差。所以合成场强取决于反射系数 ρ 及相位差 $2\pi\Delta\gamma/\lambda$，并随 $\Delta\gamma$ 作周期变化。

考虑反射波影响后，收信点的场强比自由空间场强相差一个衰减因子，其大小由式 (4-8) 计算：

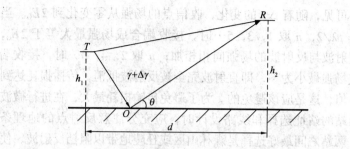

图 4-11 电波在光滑平坦地面传播

$$\alpha = E/E_0 = (1 + \rho^2 - 2\rho\cos(2\pi\Delta\gamma/\lambda))^{1/2} \quad (4\text{-}8)$$

令 $\rho = 1$,可得 α 与 $\Delta\gamma$ 的关系曲线,见图 4-12。

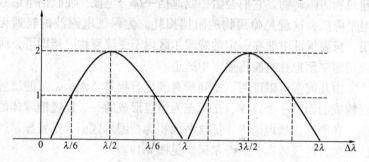

图 4-12　$\rho = 1$ 时 α 与 $\Delta\gamma$ 的关系曲线

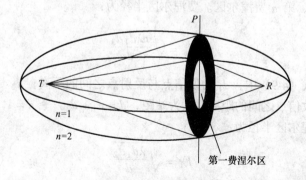

图 4-13　费涅尔区

可见，随着 $\Delta\gamma$ 的变化，收信点的场强从零变化到 $2E_0$。当 $\Delta\gamma = n\lambda/2$，$n$ 取 1，3，5…时，接收端合成场强最大等于 $2E_0$，即直射波与反射波的场强同相相加；n 取 2，4，6…时，接收端合成场强最小为零，即直射波完全被反射波抵消，传播损耗达到最小值，这是应该避免的。为了避免传输损耗最大，在进行微波中继站的站址选择和线路设计时，应充分注意反射点的地理条件，两站之间最好选择是森林山区或丘陵地带以阻挡反射波，使接收信号电平稳定。

2. 障碍物对微波视距传播的影响

在微波中继线路上，所经的地面难免有山头、树林以及高大建筑物等障碍物，它们会阻挡或遮挡一部分电波，使收信电信号电平降低，这就是障碍物的阻挡损耗。为保证电磁波的畅通无阻，只要保证电波在一定的费涅尔区内不受障碍物阻挡即可，所以费涅尔区也称电波传播空中通道。

由几何学可以证明，空间所有满足行程差 $\Delta\gamma = n\lambda/2$ 的反射点构成的面是一个以 T、R 两点为焦点形成的一个旋转椭球体的面。在电波传播理论中，把这些面积为费涅尔区面，把费涅尔区面所包含的区域称为费涅尔区。见图 4-13。

$n = 1$，2，3，…，N 的费涅尔区分别被称为第 1、第 2、第 3、…、第 n 费涅尔区。费涅尔区半径为：

$$F_n = \sqrt{\frac{n\lambda d_1 d_2}{d}} \qquad (4-9)$$

式 (4-9) 中，d_1 为发信点与反射点之间的距离；d_2 是反射点与收信点之间的距离；d 为站距，$d = d_1 + d_2$。令 $n = 1$，得第一费涅尔区半径为：

$$F_1 = \sqrt{\frac{\lambda d_1 d_2}{d}} \qquad (4-10)$$

可得：

$$F_n = \sqrt{n} F_1 \qquad (4-11)$$

可见，P 点的位置不同，各费涅尔区半径不同。

由图 4-12 可见，当 $\Delta\gamma < \lambda/6$，$\alpha < 1$，$E = \alpha E_0 < E_0$，有衰减，所以一般将行程差等于 $\lambda/6$，即 $n = 1/3$ 时对应的费涅尔区称为最小费涅尔区，半径为

$$F_0 = F_1/\sqrt{3} \tag{4-12}$$

最小费涅尔区表示电磁波传播所需的最小空中通道（此时收信点场强等于自由空间场强），通道半径为 F_0。显然，F_0 在站距中心处时为最大，越接近两端越小。

选定微波站的站址或线路后要做的工作是研究沿途的地形剖面图，根据最小费涅尔区的计算来确定天线的架设高度。此外收发天线之间的传播通道应留有传播余隙。所谓传播余隙指的是两天线的连线与障碍物最高之间的垂直距离，见图 4-14。

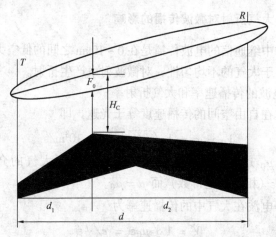

图 4-14 传播余隙

余隙用 H_c 表示，若障碍物在 T、R 连线之上，$H_c < 0$；在 T、R 连线之下，$H_c > 0$。按照费涅尔区的原理，要确保电波传播的最小空中通道，使电波无阻挡地传播，就要求传播余隙 H_c 至少要等于最小费涅尔半径，即 $H_c > F_0$。

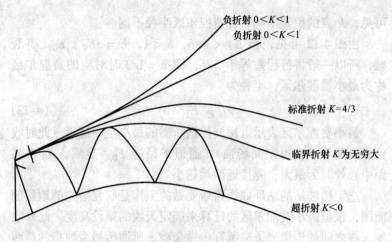

图 4-15 折射现象

三、大气折射对微波传播的影响

微波中继通信的电波传播是在 0~10km 之间的低空大气层中进行，由于大气的不均匀性，对微波射束产生折射。

1. 电波的传播速率和大气折射率

电波在自由空间的传播速度等于光速，即

$$V_0 = c = 1\sqrt{\varepsilon_0\mu_0} \approx 3 \times 10^8 \text{m/s} \qquad (4\text{-}13)$$

ε_0、μ_0 是真空介电常数及磁导率。实际大气的介电常数 $\varepsilon' = \varepsilon_0 \times \varepsilon$（相对介电常数）而 $\mu = \mu_0$。

可得电波在大气中的传播速率为

$$V = 1\sqrt{\mu_0\varepsilon} = c/\sqrt{\varepsilon} \qquad (4\text{-}14)$$

可见 $V < V_0$。

大气折射率 n 定义的是 V_0/V，可推得：

$$n = \sqrt{\varepsilon} \qquad (4\text{-}15)$$

由于地球表面大气层的 ε 不是常数，它与大气的温度、压力以及湿度有关，所以 ε 也随大气的温度、湿度以及压力变化。

2. 折射梯度

为体现不同高度的大气压力、温度以及湿度对大气折射率的影响，常用折射梯度来表示，即 $\Delta n/\Delta h$。对折射梯度的取值有三种情况，电磁波传播轨迹见图 4-15 所示。

(1) $\Delta n/\Delta h = 0$，n 不随高度变化，无折射，电磁波传播轨迹为直视线。

(2) $\Delta n/\Delta h > 0$，若高度增加，则 n 增加，电波传播的轨迹向上弯曲，称为负折射。

(3) $\Delta n/\Delta h < 0$，若高度增加，则 n 减小，电波传播的轨迹向下弯曲，称为正折射，它分为标准折射、临界折射以及超折射三种。

3. 等效地球半径

由上所述，由于大气的折射，实际电磁波传播不是按直线传播，而是按曲面传播。若按实际电磁波射线轨迹来设计、计算微波线路会相当麻烦，所以工程上引用了等效的球半径的概念。

引进等效地球半径的概念后，可以把电磁波射线仍然看作为直线，如图 4-16 所示。

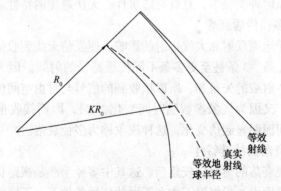

图 4-16 等效地球半径

这样一来，就要对地球半径作相应的"改变"，修正后的地球半径就称为等效地球半径，用 R_e 表示。

$$R_e = \frac{R_0}{1 + R_0 \frac{\Delta n}{\Delta h}} = KP_0 \qquad (4\text{-}16)$$

式中，R_0 为地球实际半径，K 为地球半径扩大系数，标准折射情况下，$K = 4/3$，当然具体值应该在中继线路站址选择和确定线路走向时，进行实地考察而确定。

可见，引进等效地球半径后，微波电磁波的传播可视为不存在大气折射情况下的传播，有关电波传播的计算公式仍可使用。

四、衰落现象

前面讨论了在正常传播条件下，微波中继通信中保证无线电磁波畅通无阻的条件，如：通过合理的选择站址和天线高度以及引入等效地球半径等措施。但是由于气象条件是随时间变化的，因而，接收信号电平也是随时间而明显起伏变化，有时在收信点的收信电平会突然降低，甚至造成通信中断，且持续时间长短不一。我们把这种收信电平随时间起伏变化的现象称为衰落。衰落产生的原因种类很多，且具有随机性、无法避免的特性。

1. 多径传播衰落

由于地面反射和大气折射的影响，使发信天线到收信天线之间会有 2 条、3 条甚至更多条不同传播路径的射线。因为接收的信号是各射线的矢量和，所以接收到的信号与自由空间传播的信号不同，又因为气象参数随时间变化（K），因而接收信号电平也随时间而明显起伏变化，这种现象称为多径衰落。

2. 衰落的统计特性

出现衰落的情况比较复杂，这其中多径干涉是视距传播深衰落的主要原因，根据对工作在不同的传播条件下，不同的工作频率以及不同的微波站距的大量收信电平的资料整理、分析得知，多径干涉造成的收信电平衰落的分布特性服从瑞利分布，即收信电平为 V 值的概率为：

$$P(V) = \begin{cases} 0 & V < 0 \\ \dfrac{2V}{\sigma^2}\exp(-V^2/\sigma^2) & V > 0 \end{cases} \quad (4\text{-}17)$$

式中，σ^2 为信号电平的平均功率。

对低于某给定电平 V_s（一般指不能保证传输质量的门限电平值），收信点衰落电平小于 V_s 的概率分布函数为

$$\begin{aligned} P(V \leqslant V_s) &= \int_0^{V_s} P(V)\mathrm{d}V \\ &= \int_0^{V_s} \dfrac{2V}{\sigma^2}\exp(-V^2/\sigma^2)\mathrm{d}V \\ &= 1 - \exp(-V_s^2/\sigma^2) \end{aligned} \quad (4\text{-}18)$$

式中，$-V_s^2/\sigma^2 = P_r/P_o$。$P_r$ 为衰落发生时的接收功率，P_o 为平均接收功率。它近似等于没有深衰落时经自由空间传播到达接收点的功率。若考虑深衰落出现概率为 P_s，则实际收信电平中断的全概率（总中断率）为

$$P_r = P_s \times P(V \leqslant V_s) \quad (4\text{-}19)$$

在系统设计中，为确保较高的传输可靠性，常要求系统能提供较高的储备余量，用于抵消必不可少的自由空间传播损耗，用在发生深衰落时，确保收信电平 $\geqslant V_s$，保证中断概率低于系统设计要求。

五、抗衰落技术

1. 自适应均衡技术

（1）频域自适应均衡

频域自适应均衡器一般在中频实现，当频率选择性衰落发生时，系统通带内的幅频特性产生倾斜，甚至出现凹口，中频领域自适应均衡器针对通带内幅频特性失真的形状，构成一个逆特性进行补偿，以抵消多径衰落的影响。从应用的情况看，比较常见的频域自适应均衡器主要有斜率型、斜串凹口型和可变谐振型三种。

一般情况下，频域均衡器的均衡效果均不理想，对凹口深度大致只有几 dB 的改善，无法单独提供足够的衰落储备。因此，在 SDH 数字微波通信系统中，不单独使用频域均衡器，而是将其作为辅助手段，在中频首先进行粗均衡，以减轻时域均衡的压力，降低自适应时域均衡器的硬件复杂度。当自适应时域均衡器的均衡能力足够强时，虽然频域均衡可以省略，但可能导致时域均衡器过于复杂，另外，频域均衡器由于可以在解调之前对通道进行一定的补偿，对于解调中其他环路如载波恢复、定时恢复等工作条件可以带来一定程度的改善，因此在 SDH 数字微波通信系统中采用这一技术。

(2) 时域自适应均衡

从时域来看，数字微波信号的传输失真是由前一个脉冲及后一个脉冲的拖尾在本脉冲取样点的干扰造成的，当信道和设备的情况比较理想即满足 Nyquist 取样点无失真准则时，这种干扰很小。当发生频率选择性衰落时，这种干扰会随着衰落的加深而越来越严重，时域均衡即是模仿此干扰产生的机理，用抽头、时延线构成时域均衡器，通过调节抽头增益的大小，即可控制码间干扰的抵消情况，从而获得理想的均衡效果。

时域自适应均衡器可以在中频或基带上实现，随着集成电路技术的飞速发展，在基带上已可以方便地实现性能非常优越的全数字时域自适应均衡器，因此，在 SDH 数字微波通信系统中一般使用基带时域均衡器。

应用于微波领域的基带自适应时域均衡器主要有横向均衡器（TE）和判决反馈均衡器（DFE）两种，采用的算法一般为迫零（FZ）算法或最小均方（LMS）算法。在应用于 SDH 数字微波通信系统中时，一般还要与一种盲算法（如 MLE 算法）相结合，以提高系统瞬断后的恢复能力。图 4-17 给出了一个按最小均方误差算法调整的三抽头自适应均衡器原理框图。由于自适应均衡器的各抽头系数可随信道特性的时变而自适应调节，故调整精度高，不需预调时间。在高速数传系统中，普遍采用自适应均衡器来克服码间串扰。

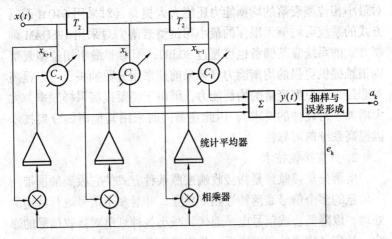

图 4-17 自适应均衡器示例

判决反馈均衡器（DFE）对反馈回路的时序要求极其严格，因此对硬件速度要求极高，相应的对硬件工艺提出了较高的要求，因此设计比较复杂。但其对最小相位型衰落有极强的均衡能力，而且硬件规模也会比横向均衡器（TE）有所降低（一方面在能力相近时抽头数可以大大减少，另一方面在抽头数相同时不仅对最小相位衰落的均衡能力大大提高，而且还会减少硬件数）。由于可以采用"流水"技术，TE 对速度的要求和设计难度均较 DFE 有所下降，其对最小相位型和非最小相位型衰落的均衡能力大致相同。

基带时域自适应均衡器的均衡能力随其抽头数的增加而增加。但当抽头数达到一定数目后，即使再继续增加，也不会有明显效果，而且硬件复杂度还会大大增加。一般情况下，横向均衡器的前馈和后馈的抽头数分别为 7 或 8，判决反馈均衡器的前馈抽头数为 7 或 8，后馈抽头数为 4 比较合适。

基带数字时域均衡器对最小相位型衰落和非最小相位型衰落提供的衰落储备均能达到 20dB，因此是 SDH 数字微波通信系统对抗频率选择性衰落必不可少的手段。当线路情况较差时，DFE对最小相位型衰落的均衡能力还能大大提高（对采用64QM调制方式的系统可均衡无限深的最小相位型衰落，对采用128QAM调制方式的系统衰落储备也可超过30dB），但对非最小相位型衰落则很难提供更强的均衡能力（如果前馈采用分数抽头，可以提高对非最小相位型衰落的均衡能力，但由于需要提高采样频率，大大增加了对硬件的要求），因此还需同时采用其他诸如分集技术以提高系统的可靠性。

2. 分集接收技术

所谓分集接收，是指接收端按照某种方式使它收到的携带同一信息的多个信号衰落特性相互独立，并对多个信号进行特定的处理，以降低合成信号电平起伏，减小各种衰落对接收信号的影响。从广义信道的角度来看，分集接收可看作是随参信道中的一个组成部分，通过分集接收使包括分集接收在内的随参信道衰落特性得到改善。

分集接收包含有两重含义：一是分散接收，使接收端能得到多个携带同一信息的、统计独立的衰落信号；二是集中处理，即接收端把收到的多个统计独立的衰落信号进行适当的合并，从而降低衰落的影响，改善系统性能。

(1) 分集方式

为了在接收端得到多个互相独立或基本独立的接收信号，一般可利用不同路径、不同频率、不同角度、不同极化、不同时间等接收手段来获取。因此，分集方式也有空间分集、频率分集、角度分集、极化分集、时间分集等多种方式。

1) 空间分集

空间分集是接收端在不同的位置上接收同一个信号，只要各位置间的距离大到一定程度，则所收到信号的衰落是相互独立的。因此，空间分集的接收机至少需要两副间隔一定距离的天线，其基本结构如图4-18所示。图中，发送端用一副天线发射，接收端用 N 副天线接收。

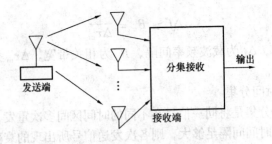

图 4-18 空间分集示意图

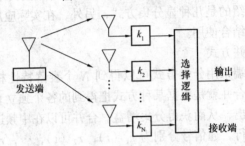

图 4-19 选择式合并原理图

为了使接收到的多个信号满足相互独立的条件,接收端各接收天线之间的间距应满足

$$d \geqslant 3\lambda \quad (4\text{-}20)$$

式中,d 为接收端各接收天线之间的间距,λ 为工作频率的波长。通常,分集天线数(分集重数)越多,性能改善越好。但当分集重数多到一定数时,分集重数继续增多,性能改善量将逐步减小。因此,分集重数在 2~4 重比较合适。

2) 频率分集

频率分集是将待发送的信息分别调制到不同的载波频率上发送,只要载波频率之间的间隔大到一定程度,则接收端所接收到信号的衰落是相互独立的。在实际中,当载波频率间隔大于相关带宽时,则可认为接收到信号的衰落是相互独立的。因此,载波频率的间隔应满足

$$\Delta f \geqslant B_c = \frac{1}{\Delta \tau_m} \tag{4-21}$$

式中，Δf 为载波频率间隔，B_c 为相关带宽，$\Delta \tau_m$ 为最大多径时延差。

3）时间分集

时间分集是将同一信号在不同的时间区间多次重发，只要各次发送的时间间隔足够大，则各次发送信号所出现的衰落将是相互独立的。时间分集主要用于在衰落信道中传输数字信号。

以上介绍的是几种显分集方式，另外，在实际应用中还可以将多种分集结合使用。

(2) 合并方式

在接收端采用分集方式可以得到 N 个衰落特性相互独立的信号，所谓合并就是根据某种方式把得到的各个独立衰落信号相加后合并输出，从而获得分集增益。合并可以在中频进行，也可以在基带进行，通信号分别为 $r_1(t)$，$r_2(t)$，$\cdots$，$r_N(t)$，则合并器输出为常是采用加权相加方式合并。假设 N 个独立衰落

$$r(t) = a_1 r_1(t) + a_2 r_2(t) + \cdots + a_N r_N(t) \tag{4-22}$$

式中，a_i 为第 i 个信号的加权系数。

选择不同的加权系数，就可构成不同的合并方式。常用的三种合并方式是：选择式合并、等增益合并和最大比值合并。表征合并性能的参数有平均输出信噪比、合并增益等。

1）选择式合并

选择式合并是所有合并方式中最简单的一种，其原理是检测所有接收机输出信号的信噪比，选择其中信噪比最大的那一路信号作为合并器的输出，其原理图如图 4-19 所示。

选择式合并的平均输出信噪比为：

$$\overline{r_M} = \overline{r_0} \sum_{k=1}^{N} \frac{1}{k} \tag{4-23}$$

合并增益为：

$$G_M = \frac{\overline{r_M}}{\overline{r_0}} = \sum_{k=1}^{N} \frac{1}{k} \tag{4-24}$$

式中，$\overline{r}_M$为合并器平均输出信噪比，$\overline{r}_0$为支路信号最大平均信噪比。可见，对选择式分集，每增加一条分集路径，对合并增益的贡献仅为总分集支路数的倒数倍。

2) 等增益合并

等增益合并原理如图 4-20 所示。当加权系数相等时，即为等增益合并。假设每条支路的平均噪声功率是相等的，则等增益合并的平均输出信噪比为

$$\overline{r}_M = \overline{r}\left[1 + (N-1)\frac{\pi}{4}\right] \qquad (4\text{-}25)$$

合并增益为

$$G_M = \frac{\overline{r}_M}{\overline{r}} = 1 + (N-1)\frac{\pi}{4} \qquad (4\text{-}26)$$

式中，$\overline{r}$ 为合并前每条支路的平均信噪比。

3) 最大比值合并

最大比值合并方法原理可参见图 4-20。最大比值合并原理是各条支路加权系数与该支路信噪比成正比。信噪比越大，加权系数越大，对合并后信号贡献也越大。若每条支路的平均噪声功率是相等的，可以证明，当各支路加权系数为：

$$a_k = \frac{A_k}{\sigma^2} \qquad (4\text{-}27)$$

分集合并后的平均输出信噪比最大。式中，A_k 为第 k 条支路信号幅度，σ^2 为每条支路噪声平均功率。最大比值合并后的平均输出信噪比为：

$$\overline{r}_M = N\overline{r} \qquad (4\text{-}28)$$

合并增益为：

$$G_M = \frac{\overline{r}_M}{\overline{r}} = N \qquad (4\text{-}29)$$

可见，合并增益与分集支路数 N 成正比。

三种分集合并的性能如图 4-21 所示。可以看出，在这三种合并方式中，最大比值合并的性能最好，选择式合并的性能最

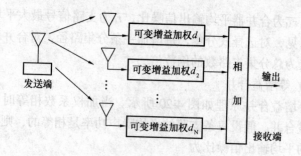

图 4-20 等增益合并、最大比值合并原理

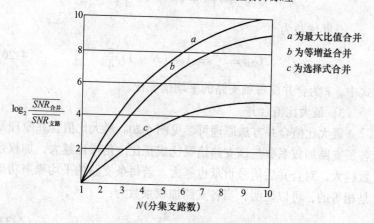

图 4-21 三种分集合并的性能比较

差。比较式（4-26）和式（4-29）可以看出，当 N 较大时，等增益合并的合并增益接近于最大比值合并的合并增益。

第四节 数字微波调制与解调技术

一、二进制振幅键控

1. 二进制振幅键控（2ASK）的概念：用二进制的数字信号去调制等幅的载波。即传"1"信号时，发送载波，传"0"信号时，送 0 电平。所以也称这种调制为通（on）、断（off）键控

OOK。其实现模型如图 4-22 所示,其调制波形如图 4-23 所示。

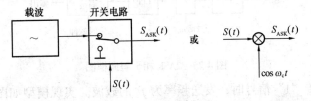

图 4-22　2ASK 调制实现模型

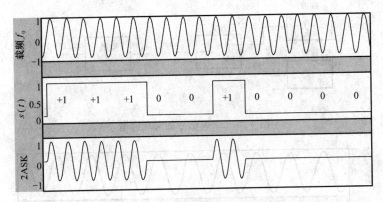

图 4-23　2ASK 调制时间波形

2. 2ASK 信号的接收(解调)

2ASK 信号的解调主要有两种方式:非相干接收和相干接收。其组成框图如图 4-24、图 4-25 所示。

图 4-24　2ASK 非相干解调框图

二、二进制频移键控

1. 二进制频移键控(2FSK)的概念:2FSK 是用不同频率的载波来传递数字消息的。传"0"信号时,发送频率为 f_1 的载

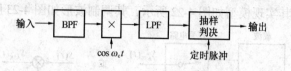

图 4-25 2ASK 相干解调框图

波；传"1"信号时，发送频率为 f_2 的载波。实现模型如图 4-26 所示。

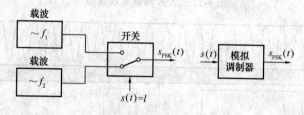

图 4-26 2FSK 信号的实现模型

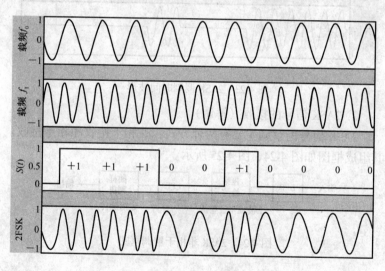

图 4-27 2FSK 的时间波形

2. FSK 信号的波形

根据图 4-26 模型，2FSK 的波形如图 4-27 所示。

3．2FSK 信号的解调

2FSK 信号的接收方法很多，如鉴频器法、相干法、非相干法、过零检测法等。在这里主要讨论过零检测法。过零检测法的系统构成及系统中各点波形如图 4-28 所示。

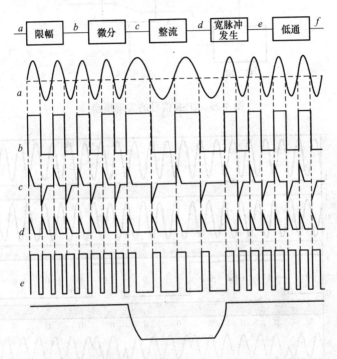

图 4-28 过零检测法的系统框图及各点波形示意图

三、二进制相移键控

1．二进制相移键控（2PSK）的概念：传"1"信号时，发起始相位为 π 的载波；传"0"信号时，发起始相位为 0 的载波（或取相反的形式）。2PSK 的实现方式如图 4-29 所示。

2．2PSK 的波形

2PSK 信号波形如图 4-30 所示。

此时，为了分析问题方便，每个码元宽度内包含一个周期的

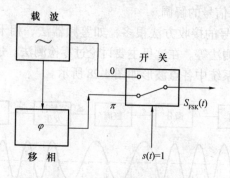

图 4-29 2PSK 信号的实现模型

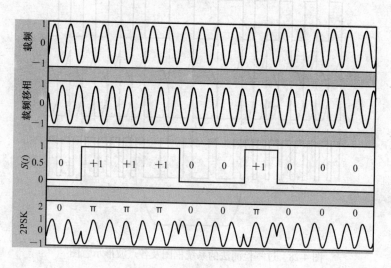

图 4-30 2PSK 信号波形

载波,在实际调制过程中,通常每个码元宽度内包含多个周期的载波。

3.相移键控信号的接收

2PSK 信号的相干接收框图如图 4-31 所示。

四、正交调幅

正交调幅又可以称为正交双边带调制,它是由两路正交的

图 4-31 2PSK 信号的相干接收框图

2ASK 信号(不含直流分量)相加而构成的,是一种节省频带资源的数字调制方式。在大、中容量的微波通信系统中使用。QAM 不仅频带利用率高,且不需要发送用于载波同步的导频信号。

1. 基本原理(以 4QAM 为例)

(1) 系统模型

4QAM 的调制组成方框图如图 4-32 所示。解调组成方框图如图 4-33 所示。

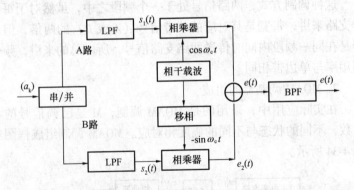

图 4-32 4QAM 调制组成框图

(2) 数学表达式

在发端,$e(t)$ 是由 A 支路和 B 支路这两路相互正交的 2ASK 信号所组成,

$$e(t) = s_1(t)\cos\omega_c t - s_2(t)\sin\omega_c t \tag{4-30}$$

因为 A 路与 B 路所用的载波相差 90°,所以称正交调幅。又由于每个支路信号(A 或 B)均有两种状态,因此两路信号相加

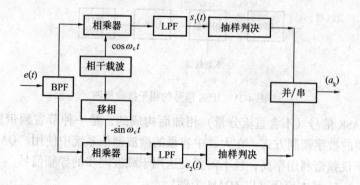

图 4-33 4QAM 解调组成框图

后的输出共有四种状态,故称此为 4QAM。

(3) 带宽

这种调制方式,两路信号处于一个频段之中,虽然对于每一个支路来讲,带宽是其对应的基带信号(A 或 B)的两倍,但由于是在同一频段内同时传送两路支路信号,所以总的来讲,频带利用率与单边带相同。

2. MQAM 调制器的组成

在实际应用中,采用的是 MQAM 调制,M 是已调信号的状态数,不同的状态与不同的幅度相对应。MQAM 调制组成框图如图 4-34 所示。

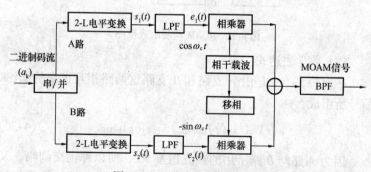

图 4-34 MQAM 调制组成框图

图中二进制码流的速率为 f_b,经过串/并变换后分解为两路并行的二进制码流,速率分别为 $f_b/2$,接着进行 2-L 电平变换,因为是 MQAM 信号共有 M 个状态,因此每一个支路的状态数 $L = M^{1/2}$。当 $M > 4$ 的情况下,MQAM 调制可以进一步提高频带利用率。

第五章 光纤通信技术

第一节 概 述

光纤是光导纤维的简称，它是一种导引光波的波导，是一种新的传输介质。光纤通信就是利用光纤传输光信号实现的。

光纤通信是以光波作为信息载体，以光导纤维作为传输介质的一种先进的通信手段，与其他通信技术相比，它有以下几个较突出的优点：

(1) 频带宽，通信容量大。载波频率越高，通信容量就越大。因目前使用的光波频率比微波频率高 10^3 倍~10^4 倍，所以通信容量可增加 10^3 倍~10^4 倍。

(2) 传输损耗低（0.2dB/km），适用于长途传输。

(3) 体积小，重量轻，可绕性强。

(4) 输入与输出之间电隔离，抗电磁干扰，特别适用于电磁干扰严重的环境中的通信及计算机联网等。

(5) 无漏信号和串音，安全可靠，保密性强。光纤内传播的光波几乎不辐射，因此很难被窃听。也不会造成同一光缆中各光纤之间的串扰。

(6) 抗腐蚀、抗酸碱，且光缆可直埋地下，适合化工企业的通信。

(7) 在运用频带内，光纤对每一频率成分的损耗几乎一样。因此，系统中采取的均衡措施比传统的电信系统简单，甚至可以不必采用。

由于上述这些优点，光纤通信技术发展迅锰，它必然成为宽带综合业务数字网的骨干。光纤通信系统与常规的电信系统不同。它是在原有的电信系统中增加电光转换和光电转换设备后构成的。电光转换是用激光、发光器件来实现的，光电转换是用光电检测器件来实现的。

数字光纤通信系统组成框图如图 5-1 所示。在数字通信体制中，电端机可以是数字复用或复接 PCM 设备、计算机接口等，基本属常规的电通信设备。发端光端机的作用是用电信号调制光波，使其载有信息，注入光纤，传到远方。收端光端机的作用是把来自光纤的光信号还原成电信号，输入给收端电端机，通过它对电信号的处理输送给用户。光纤是光波的传输介质。

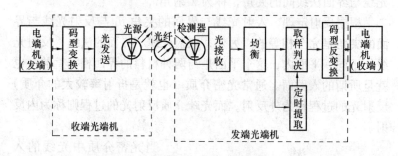

图 5-1 数字光纤通信系统

第二节 基本光学定律

物质的最基本光学参数是它的折射率，在自由空间中光以速度 $c = 3 \times 10^8$ m/s 传播，光的速度与频率 v 以及波长 λ 之间的关系为 $c = v\lambda$。当光进入电介质或非导电介质时，将以速度 v 传播，这是材料的特征速度而且总是小于 c。真空中的光速度与物质中光传播速度之比即为材料的折射率 n，其定义式为：

$$n = \frac{c}{v} \qquad (5\text{-}1)$$

一些典型的折射率值为：空气 $n = 1.00$，水 $n = 1.33$，玻璃 $n = 1.50$，钻石 $n = 2.42$。

关于光的反射和折射概念，可以考虑与平面波在电介质材料中传播相联系的光线概念。当光线到达两种不同介质的分界面时，光线的一部分反射回第一种介质，其余部分则进入第二种介质并发生弯折（或折射）。如果 $n_2 < n_1$，则反射和折射情况如图 5-2 所示。界面上光线发生弯折或折射是由于两种材料中光的速度不同，也就是说它们有不同的折射效果。界面上光线之间的方向关系就是众所周知的 Snell 定律，其表达式为：

$$n_1\sin\phi_1 = n_2\sin\phi_2 \tag{5-2}$$

等式中的角度在图 5-2 中有其相应的定义，图中的角 ϕ_1 是入射光线与界面法线间的夹角，称为入射角。

根据反射定理，入射光线与界面的夹角 θ_1 与反射光线与界面的夹角是完全相等的。另外，入射光线、界面的法线、反射光线位于同一平面内，这个平面是与两种材料的界面相垂直的，也就是所谓的入射面。通常光密介质（也就是折射率较大的介质）反射光的过程称为外反射，而光疏介质反射光的过程则称为内反射。

当光密介质中光线的入射角 ϕ_1 增大时，折射角 ϕ_2 也增大。当 ϕ_1 大到某一特定值时，ϕ_2 达到 $\pi/2$。当入射角进一步增大时将不可能有折射光线，这时光线被"内全反射"。内全反射的条件可以由 (5-2) 式所表示的 Snell 定律决定。图 5-3 所示为玻璃与空气的界面。根据 Snell 定律，进入空气的光线折向玻璃表面，

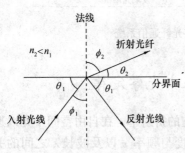

图 5-2 不同介质分界面上光线的折射和反射

当入射角 ϕ_1 增大到某一值时，空气中的光线将趋于与玻璃表面平行，这个特殊的入射角就是临界入射角 ϕ_c。如果光线的入射角大于此临界角，内全反射条件得到满足，则光线全部反射

回玻璃，因而没有光线从玻璃表面逃逸（这是一种理想情况，实际上总有一些光能从表面折射出去，这可以利用光的电磁波理论加以解释）。

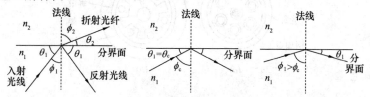

图 5-3　临界角和玻璃—空气界面上内全反射示意图

第三节　光纤和光缆

一、光纤结构和分类

光纤通信中使用的光纤是横截面很小的透明长丝，它在长距离内具有束缚和传输光的作用。图 5-4 是光纤的结构示意图。由图可见，光纤主要由纤芯、包层和涂敷层构成。纤芯是高透明材料制成的，折射率为 n_1，包层的折射率 n_2 略小于纤芯的折射率，即 $n_2 < n_1$。按照几何光学的全反射原理，光线被束缚在纤芯中传播。涂敷层的作用是保护光纤不受水汽的侵蚀和机械擦伤，同时增加了柔韧性。一般在涂敷层外再加一层塑料外套。

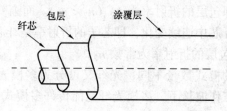

图 5-4　光纤结构示意图

为了工程的需要，常把若干光纤加工组成光缆，最常见的光缆结构有层绞式和骨架式两种，如图 5-5（a）、（b）所示。层绞

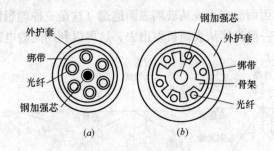

图 5-5 光缆结构图
(a) 层绞式；(b) 骨架式

式结构比较紧凑，单位面积可容纳较多的光纤。骨架式强度大，抗压性好，温度性能较好。

光纤的种类很多。按材料的不同，光纤可分为以下几种类型：

(1) 石英光纤。这种光纤的损耗最低到 0.16dB/km。
(2) 多组份玻璃光纤。这种光纤的损耗较低。
(3) 全塑光纤。这种光纤的芯子和包层都由塑料制成，损耗大。

光纤通信中主要用石英光纤。

按横截面上折射率的不同，光纤分为阶跃折射率型和渐变折射率型（也称梯度折射率型）。阶跃折射率光纤的折射率在纤芯中是均匀分布的，即 n_1 为常数，在纤芯和包层的界面上折射率发生突变，即包层的折射率为 n_2（$n_2 < n_1$）。而渐变折射率光纤的折射率在纤芯中连续变化，即芯子的折射率是纤芯半径 r 的函数 $n_1(r)$，包层的折射率为常数 n_2。

按传输的模式数量不同，光纤又可分为多模光纤和单模光纤。在一定工作波长下，多模光纤是能传许多模式的介质波导，而单模光纤只传输基模。

多模光纤可以采用阶跃折射率分布，也可以采用渐变折射率分布。因此，通信中用的光纤可分为多模阶跃折射率光纤、多模渐变折射率光纤和单模阶跃折射率光纤三种，它们的传播方式综合分类如表 5-1 所示,结构、尺寸、折射率分布及光传输的示意图如图 5-6 所示。

三种光纤传播方式分类表　　　　表 5-1

种　类		使用范围
多模光纤	阶跃光纤	短距离,小容量
	渐变光纤	中距离,中容量
单模光纤		长距离,大容量

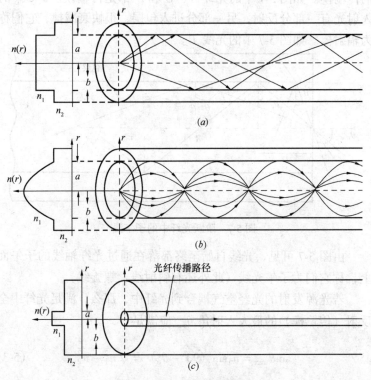

图 5-6　三种主要类型的光纤
(芯径 $2a$ 为 $10\mu m$,包层直径 $2b$ 为 $125\mu m$)
(a) 多模阶跃折射率光纤;(b) 多模渐变折射率光纤;
(c) 单模阶跃折射率光纤

二、光纤传输原理和特性

1. 多模阶跃折射率光纤中光的传输

在多模阶跃折射率光纤的纤芯中,光按直线传播,且光纤是利用全反射原理来导引光线的。由于包层折射率 $n_2 < n_1$,所以存在临界角 $\theta_c = \arcsin \dfrac{n_2}{n_1}$,只有在界面上的入射角 θ 大于或等于 θ_c 的光线才能产生全反射,在光纤内继续传播,把它们称为光纤的传输模。如图 5-7 中的光纤 A、C 和 D 都是传输模。$\theta < \theta_c$ 的入射光有一部分反射,另一部分进入包层,很快衰减掉,它们称为辐射模。如图 5-7 中的光线 B。

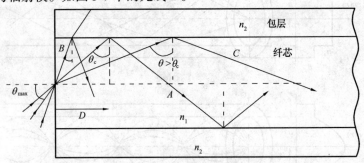

图 5-7 阶跃光纤中的子午线

由图 5-7 可见,光线自始至终都落在通过光纤轴线的子午面上,称它们为子午光线(此外还有斜射线、螺旋线)。

若光源发射的光经空气耦合到光纤中,那么,满足光纤中全反射(传输模)的最大入射角 $\theta_{\max}$ 应满足

$$\sin\theta_{\max} = n_1 \sin(90° - \theta_c) = \sqrt{n_1^2 - n_2^2} \tag{5-3}$$

定义阶跃折射率光纤的数值孔径为

$$N_A = \sqrt{n_1^2 - n_2^2} \tag{5-4}$$

它表示光纤的集光能力。

从图 5-7 可见，各个传输模式在光纤中传输的路径是不同的，所以，不同模式的光线（如 A 和 C 光线）到达终端的时间不同，即产生了时延差，称为模式色散。若设光纤长度为 L，最大群时延差为

$$\Delta\tau_d = \frac{L/\sin\theta_c - L}{c/n_1} = \frac{Ln_1}{c} g \frac{n_1 - n_2}{n_2} \tag{5-5}$$

定义光纤的相对折射率差为

$$\Delta = \frac{n_1 - n_2}{n_1} \tag{5-6}$$

单位长度光纤的最大群时延差为

$$\Delta\tau_d \approx \frac{n_1\Delta}{c} \tag{5-7}$$

群时延差使光脉冲展宽，限制了多模阶跃折射率光纤的传输带宽。为了减小多模光纤的脉冲展宽，又开发出了渐变折射率光纤。

2. 多模渐变折射率光纤中光的传输

渐变折射率光纤的折射率在纤芯中连续变化，适当选择折射率的分布形式，可以使不同入射角的光线有大致相等的光程，大大减小群时延差。

渐变折射率光纤的折射率分布一般表示为

$$n(r) = \begin{cases} n(0)\left[1 - 2\Delta\left(\frac{r}{a}\right)^\alpha\right]^{\frac{1}{2}} & r < a \\ n(a) = n(0)[1 - 2\Delta]^{\frac{1}{2}} & r \geq a \end{cases} \tag{5-8}$$

式中 a 是纤芯半径；r 是光纤中任意一点到中心的距离；α 是折射率指数，一般 $\alpha \approx 2$；Δ 是渐变折射率光纤的相对折射率差，即

$$\Delta = \frac{n(0) - n(a)}{n(0)} \tag{5-9}$$

渐变光纤中子午线传播是靠折射传播的，如图 5-8 所示。由于渐变光纤的芯子折射率不是常数，所以，在光纤芯的各点上有不同的集光能力。与阶跃光纤一样，定义渐变光纤的数值孔径为

$$N_A(r) = \sqrt{n^2(r) - n^2(a)} \tag{5-10}$$

把数值孔径的最大值作为光纤参数，即

$$N_{A_{max}} = \sqrt{n^2(0) - n^2(a)} = n(0)\sqrt{2\Delta} \tag{5-11}$$

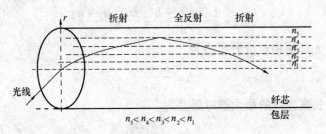

图 5-8 渐变折射率光纤的光纤传播原理

3．光纤的传输性质

衰减和色散是光纤的两个主要传输特性。

（1）光纤的衰减

光能经过光纤传输后的减弱称为光纤的衰减或损耗。光纤的衰减是光纤的最重要参数之一，因为它直接影响着传输系统的中继距离。

用 dB/km 表示光纤衰减 a_f 的定义式为

$$a_f = 10\lg\frac{P_i}{P_0} \Big/ L \tag{5-12}$$

式中 P_i 是输入光纤的光功率，P_0 是经过光纤传输后输出的光功率，L 是光纤长度。如光功率经过一公里长的光纤后，输出光功率是输入的一半，则此光纤的衰减为 $a_f = 3$ dB/km。

引起光纤衰减的主要原因有以下几种：

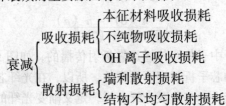

本征材料吸收损耗是指光纤的原料（如 SiO_2）对光能的吸收引起的损耗。

由于材料中含有不纯物（如 Fe、CO、Ni、Mn、Cu 等），它们在红外光的范围内有较大的共振吸收。

OH^- 离子在 2.75、1.38、0.94μm 处分别具有基波、二次和三次谐波吸收，形成吸收峰，1.2μm 处是组合波吸收。图 5-7 表明了衰减与光波长的关系。吸收损耗是以热的形式消耗光能。

当光波射到其尺寸与光波长可比拟的粒子时，由于粒子的热随机起伏运动引起的散射称为瑞利散射。瑞利散射损耗与光波长的四次方成反比，即 $\alpha_r \propto \frac{1}{\lambda^4}$。光纤衰减与波长的关系，见图 5-9。

如果玻璃结构不均匀或有小气泡等，光线经过时会发生散射而造成损失。散射损耗以向外辐射的形式消耗光能。另外，在光纤的弯曲部位，由于全反射条件受到破坏，也会产生一定的辐射损耗。

根据光纤对传输光波损耗的测试结果，光可按波长分为若干个窗口，目前有 0.85μm、1.3μm 和 1.5μm 三个波长窗口，这三个窗口光波传输损耗较低。

（2）光纤的带宽和色散

光脉冲经过光纤传输之后，一般会发生脉冲展宽现象，如图 5-10 所示。由图可见，两个原本有一定间隔的光脉冲，经过光纤传输之后产生了部分重叠。为避免重叠的发生，输入脉冲有一最高速率限制，即光纤线路存在最大可用带宽。脉冲的展宽不仅与传输脉冲的速度有关，也与传输光纤的长度有关。所以，用光纤的传输信号速率与其传输光纤长度的乘积来描述光纤的带宽特性，其代表符号为 $B \cdot L$，单位为（$GH_z \cdot km$）或 $MH_z \cdot km$）。其含意是对某个 $B \cdot L$ 值而言，当距离增长时，允许的带宽就得相应地减小。

光脉冲在光纤中传输后被展宽是由于色散的存在，这极大限制了光纤的传输带宽。从机理上说，色散可分为模式色散、材料

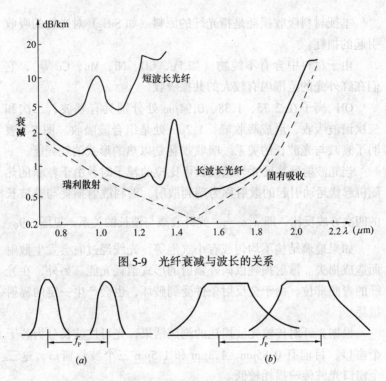

图 5-9 光纤衰减与波长的关系

图 5-10 光脉冲的展宽
(a) 光纤输入端脉冲；(b) 经光纤传输后的脉冲

色散和波导色散。

1) 模式色散

多模光纤中有许多传输模。各传输模沿着不同的途径到达光纤的终端。由于各个模的时延不同造成的光脉冲展宽称为模式色散。

(a) 阶跃光纤的模式色散

利用光程时延差的概念，可以导出模式色散的表达式。光线在光纤中的传播如图 5-7 所示，模式 D 是直线传播的低次模，模式 A 是以临界角 θ_c 作折线传播的高次模。它们经过长度 L 的光纤到达终端的时间分别为 t_D 和 t_A。把这个时延差作为脉冲的展

宽,就有

$$\tau_m = t_A - t_D = \frac{L}{\upsilon_A} - \frac{L}{\upsilon_D} = \frac{n_1 \Delta}{c} L \tag{5-13}$$

式中 υ_A 是模式 A 对光纤轴向的传输速度,υ_D 是模式 D 的传播速度,$\Delta = (n_1 - n_2)/n_1$,c 是光速。

(b) 渐变光纤的模式色散

渐变光纤的折射率分布如式(5-8),因为光轴上折射率 $n(0)$ 最大,光在轴中的传播速度 $\upsilon(0) = c/n(0)$ 最小,而离光纤轴 r 处的折射率 $n(r) < n(0)$,因此,曲线传播光线的线速度 $\upsilon(r) = c/n(r)$ 必然大于 $\upsilon(0)$,所以,适当控制折射率分布指数 α,有可能使曲线传播的光线与直线传播的光线同时到达光纤终端。一般 $\alpha \approx 2$ 时,脉冲展宽最小(色散最小)。此时,光线在光纤中呈周期性的会聚和发展传播,故渐变光纤又叫自然焦光纤,见图 5-6 (b)。

一般多模光纤中有数百甚至数千个传输模式,它们在渐变光纤中实际的传输途径十分复杂,其中有些光线为立体螺旋线传播,各种模式的光线不可能同时到达终端,加之光纤的折射率分布也不很均匀。所以,实际的渐变光纤的模式色散也不可能无限小。渐变光纤的模式色散可利用如下近似式计算:

$$\tau_m = \left(\frac{1}{2} : \frac{1}{8}\right) \frac{n(0) \Delta^2}{c} L \tag{5-14}$$

设纤芯折射率 $n_1 = 1.5$,$\Delta = 0.01$,对 $L = 1\text{km}$ 的阶跃光纤得 $\tau_m \approx 50\text{ns}$;对 $L = 1\text{km}$ 的渐变光纤,$n(0) = n_1 = 1.5$,$\tau_m \approx 0.25\text{ns}$。显然,渐变光纤的模式色散远小于阶跃光纤,它克服了阶跃光纤模式色散大的缺点,其带宽大大增加。由上可见,时延差与 Δ 有关,为减小时延差(即减小模式色散),通信中用的光纤都是 Δ 很小的光纤。

2) 材料色散

石英材料的折射率与光波长有关,在物理学中称为材料色散。如果光源的谱线有一定的宽度,则材料色散就可以引起光纤

传输的脉冲展宽,称为光纤的材料色散。其脉冲展宽可用下式表示:

$$\tau_m \approx mDL \tag{5-15}$$

式中 L 为光纤长度,D 为光源谱线宽度,m 为光纤材料色散系数。典型激光器的谱线宽度 $D=2nm$ 左右,典型发光二极管的 $D=50nm$ 左右,它们在 1km 光纤中传输的材料色散 τ_m 分别为 0.17ns 和 4.25ns。

单模光纤的带宽实际上主要取决于材料色散。

3) 波导色散

假设一根光纤没有材料色散,光脉冲的谱线宽度仍对光纤传输的脉冲展宽有影响,这是因为在特定结构的光纤中,传输模的个数以及它们的传播常数与光波长有关。这种色散称为光纤的波导色散 τ_m。一般波导色散很小。

一条多模光纤传输一个具有一定谱线宽度的光脉冲时,既有模式色散,也有材料色散和波导色散。光纤总的色散,即总的脉冲展宽近似为

$$\tau \approx \sqrt{\tau_m^2 + \tau_M^2 + \tau_W^2} \tag{5-16}$$

式中 τ_m 是模式色散,τ_M 是材料色散,τ_W 是波导色散。

在多模光纤中,模式色散 τ_m 占主要地位;在渐变多模光纤中,当折射率分布取最佳时,模式色散可大大减小,使光纤有很宽的带宽。单模光纤基本上消除了模式色散,材料色散占主要地位,适当考虑波导色散 τ_W。

第四节 光纤通信器件

一、光源

目前,光纤通信系统主要使用两种半导体光源,即发光二极管和激光二极管。

1. 光纤通信对光源的要求

光纤通信对光源的要求有以下几点:

(1) 要有足够的光功率输出和较高的电光转换效率;

(2) 响应速度要高,调制方法简单,便于将要传播的信息直接调制在光波上;

(3) 具有与光纤低衰减窗口相匹配的波长,并有较窄的光谱线宽度,以满足大容量传输的要求;

(4) 具有发散角小的光束,以便耦合到光纤内,达到高的耦合效率;

(5) 能在室温连续运用,具有良好的温度特性,以保证通信系统的工作稳定;

(6) 体积小;

(7) 长寿命,应与光纤、光检测器等其他元件相适应。

2. 半导体材料的发光机理

目前光纤通信中所使用的光源材料为半导体。导体的电阻率在 10^{-6} ($\Omega \cdot mm^2/m$) 左右,而绝缘体的电阻率在 10^6 ($\Omega \cdot mm^2/m$) 左右,半导体的电阻率在两者之间,且电阻率随温度变化很大。

半导体材料的发光机理可用能带的概念来解释,即半导体原子的外层电子可以处于两个不同的能带——价带和导带上,这两个能带之间的能量差为 E_g。半导体发光的基本机理就是在价带和导带中的电子与光子之间的相互作用。光子是一种具有能量为 ε 的微粒子,ε 与光的频率之间有如下关系:

$$\varepsilon = h\upsilon \tag{5-17}$$

式中 υ 是光波频率,h 是普朗克常数。

在半导体中,电子的跃迁及其光子与电子的相互作用过程如图 5-11 所示。

(1) 吸收。这种情况如图 5-11 (a) 所示。射入半导体的光子被电子所吸收,原来在价带的电子吸收一个光子后,其能量增加 $\varepsilon = h\upsilon$,挣脱化合键,从价带进入导带,而在价带中产生一个

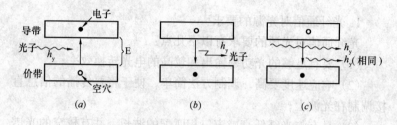

图 5-11 光子与电子在半导体中的相互作用
(a) 吸收;(b) 自发辐射;(c) 受激辐射

空穴。这种现象称为光的吸收。

(2) 自发辐射。这种情况如图 5-11 (b) 所示。当导带中存在很多电子时,它们极不稳定,可能会自发辐射,即导带中的电子自发跃迁到价带,其能量减少正好为带隙差值 E_g,这部分能量以光的形式释放出来,即辐射出一个能量为 $\varepsilon = h\upsilon = E_g$ 的光子。这种现象称为过剩载流子的复合发光,即自发辐射。

(3) 受激辐射。这种情况如图 5-11 (c) 所示。即当外部光照射到半导体上时,这些外来光子激励在导带中的过剩电子,使其"同步"跃迁到价带,并同时产生辐射发光,这种现象称为受激辐射发光——激光。这时产生的光的波长、相位与激励光相同。

一般情况下,半导体中的吸收、自发辐射和受激辐射是同时发生的。然而实际应用中,在特定的条件下仅一种机理占优势。如在光电检测器中是吸收占优势,在发光二极管中是自发辐射占优势,在激光二极管中是受激辐射占优势。

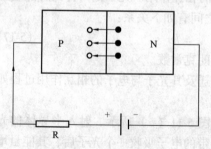

图 5-12 发光二极管加正向电源

3. 发光二极管

发光二极管(LED)是最简单实用的半导体光源,一般用于低速、短距离光纤通信系统。它主要是自发辐射发光,其原理是给发光二极管加一个正向电源，使其 PN 结处于正向偏置中，如图 5-12 所示。

正向偏置的结果等效于从外界注入过剩电荷载流子，注入载流子后产生的发光也称为注入发光。这是发光二极管（激光二极管）的发光基础。注入载流子产生的复合效应分两类，一类产生辐射复合，放出光子；另一类是无辐射复合，放出热量。应尽量提高产生光子的辐射复合，而减少无辐射复合。通过控制二极管流过的电流，即改变注入载流子的数量，可以控制发光二极管的发光强度。即通过改变电流的方法可实现对光源强度（或光功率）的调制。

如果在发光二极管上通以正向电流，其输出光功率 P 与电流 I 的关系曲线如图 5-13 所示。发光二极管的频谱较宽，光纤的材料色散会引起较大的光脉冲展宽，限制了其传输速率，所以，发光二极管仅适用于中、小容量的通信系统。

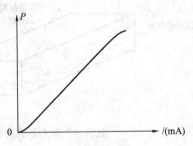

图 5-13 发光二极管 $P—I$ 曲线

发光二极管的光束发射角较大，为 ±30°~45°，所以，它和光纤的耦合效率较低，约 5%。

一般发光二极管最高调制频率为 20~60MHz。随驱动电流的不同，调制速率也有所改变，一般在电流密度大时调制速率较高。

发光二极管的最大优点是寿命长，使用简单，稳定可靠。其寿命是以光功率下降 3dB 的时间来定义的。

4. 半导体激光器

半导体激光器（半导体激光二极管，LD）与发光二极管的发光原理是一样的。只不过激光器的内部有一个法布里—珀罗（Fabry—Perot）谐振腔，这个谐振腔主要由两个平行的半透明反射镜平板组成。而这两个反射镜又是由半导体晶体的两个解理面组成的，如图 5-14 所示。当外加电源时，激光器的 PN 结处于正向偏置中，等效于注入载流子。注入载流子过程中产生的发射光就形成了半导体激光器中的初始光场，这初始光是自发辐射发光，频谱较宽，方向也杂乱无章。此光经反射镜的滤波，使其受激辐射发光，最终使光在谐振腔里建立起稳定的光振荡，输出激光。由此可见，激光器发出的光与发光二极管发出的光不同，它是一种相干光，即单色性非常好的光，它的谱线窄，光束细，功率强，调制速率高，是一种较理想的光源。一般用于长距离、大容量的光纤通信系统。

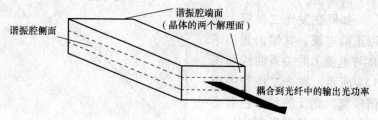

图 5-14　激光器的法布里—珀罗谐振腔

激光器特性如下：

（1）激光器输出光功率特性

激光器的输出光功率 P 与电流 I 的典型特性曲线如图 5-15 所示。

由曲线可见，输入电流 I 大于阈值电流 I_t 后，激光器开始发射好的相干光。要使光在谐振腔里建立起稳定的振荡，必须满足一定的相位条件和振幅条件。相位条件使激光谱线尖锐，并有明确的模式；振幅条件使激光器成为一个阈值器件。所以，只有电流达到此阈值电流 I_t 后，才能形成光振荡，发射谱线尖锐、模式明确的激光。

在小于阈值电流时，激光器发射的是功率很小且谱线较宽的荧光，当电流大于阈值电流后，便发射相干光。一个好的激光器所需的阈值电流很小。

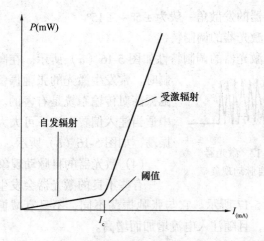

图 5-15 激光器的 $P-I$ 曲线

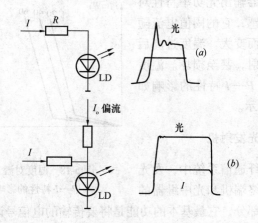

图 5-16 激光器的脉冲调制
（a）无偏流；（b）有偏流

(2) 激光器的光场

一个良好的激光器输出的光功率分布只有一个光斑，激射的是 0 阶模式单横模。在光纤通信中，为使光能的大部分耦合到光纤中去，一般要求激光器激射单横模。

激光器的发散角一般为±5°~±15°。

(3) 激光器的调制特性

典型激光器的调制特性如图5-16（a）所示。在高速脉冲调制时，常发生激光的张弛振荡现象，张弛振荡对传输系统是有害的。在激光器中适当注入偏置电流，可大大减小张弛振荡，如图5-16（b）所示。

图5-17 激光器的自脉动现象

(4) 激光器的自脉动现象

有些不良的激光器会发生自脉动现象，如图5-17所示。它与张弛振荡不同，不呈衰减振荡，振荡频率很高，且随注入电流增加而增高。

(5) 激光器的温度特性

激光器输出光功率特性对温度较敏感，它的阈值电流随温度升高而变大。温度过高后会停止激射，甚至损坏。温度对激光器 $P—I$ 特性的影响如图5-18所示。

二、光发射机

在光纤通信系统中，发光射机是光终端机和光中继器的

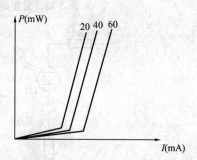

图5-18 温度对激光器 $P—I$ 特性的影响

重要组成部分，它最基本的功能是将要传输的电信号调制在光波上，并将其光波注入到光纤线路中。

1. 光源的调制方式

根据调制与光源的关系，光调制可分为直接调制和间接调制两大类。直接调制方法仅适用于半导体光源（LD和LED），这种方法是把要传送的信息（模拟信息或数字信息）转变为电流信号注入LD或LED，从而获得相应的已调光信号，所以，采用的是电源调制方法。直接调制后的光波电场振幅的平方与调制信号成

比例,这是一种广泛应用的光强度调制(IM)的方法。

间接调制是利用晶体的电光效应、磁光效应、声光效应等性质来实现对激光辐射的调制。这种调制方式既适用于半导体激光器,也适用于其他类型的激光器。间接调制最常用的是外调制方式,即在激光形成以后加载调制信号。其具体方法是在激光器谐振腔外的光路上放置调制器,在调制器中加调制电压,使调制器的某些物理特性发生相应的变化,当激光通过它时得到调制。图5-19是一个外调制器的示意图。调制电压 V 加到电光晶体上,使它的某些物理特性发生变化,在光偏振器与延迟液晶片的共同作用下,入射的光束强度随调制电压 V 的大小变化,实现了调制。

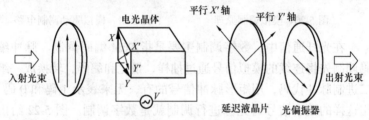

图 5-19 电光振幅调制器

2. 光源的直接调制原理

直接调制技术具有简单、经济、容易实现等优点,是光纤通信中最常采用的调制方式,但只适用于半导体激光器和发光二极管,这是因为半导体激光器和发光二极管的输出功率(对激光器而言,是指阈值以上的线性部分)基本上与注入电流成正比,而且电流的变化与光波功率的关系也呈线性,所以,通过改变注入电流可以实现光强度调制。

从调制信号的形式来说,直接调制又可分为模拟信号调制和数字信号调制。模拟信号调制是直接用连续的模拟信号(如话音、电视等信号)对光源进行调制。图 5-20 就是对发光二极管进行模拟调制的原理图。连续的模拟信号电流叠加在直流偏置电流 I_0 上,适当地选择直流偏流的大小,可以减小光信号的非线性失真。模拟调制电路应是电流放大电路。图 5-21 为一个最简单的模拟驱动调制电路。

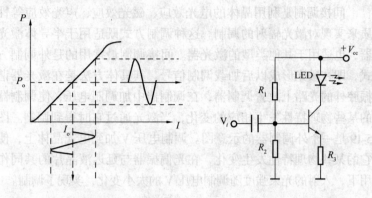

图 5-20 模拟调制原理　　图 5-21 模拟驱动调制电路

在光纤通信中,数字调制主要是指 PCM 编码调制。脉冲编码调制先将连续的模拟信号通过抽样、量化和编码,转换成一组二进制脉冲代码,用矩形脉冲信号的有、无来表示 1 码和 0 码。用这样的数字信号对光源进行调制就是数字调制。图 5-22 给出了 LED 和 LD 数字调制原理。

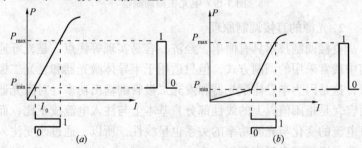

图 5-22　数字调制原理
(a) LED 数字调制原理;(b) LD 数字调制原理

数字调制电路应是电流开关电路。图 5-23 给出了一个简单的数字驱动调制电路。此电路用 LED 作光源。其中 R_2 将 LED 限制在工作电流之内,C_1 是加速电容,R_1 是 LED 的偏置电阻。

由于光源,尤其是激光器的非线性比较严重,所以,目前模拟光纤通信系统仅用于对线性要求较低的地方,要实现大容量的频分复用还比较困难。对容量较大、通信距离较长的系统,多采用对半导体激光器进行数字调制的方式。下面介绍激光器数字驱动调制和光发射机。

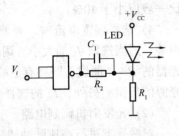

图 5-23 数字驱动调制电路

3. 激光发射机

光发射机是光端机的主要组成部分,其组成框图如图 5-24 所示。

图 5-24 激光发射机组成框图

线路编码的作用是将数字信号转换成适合在光纤中传输的线路码型形式。

LD 的调制问题较复杂(相对 LED),尤其在高速调制系统中,调制电路的形式和工艺、激光器的控制、驱动条件等都对调制性能至关重要。

(1) 偏置电流和调制电流大小的选择

偏置电流 I_o 直接影响激光器的高速调制性。选择直流预偏置电流应考虑以下几点:

1) 加大 I_o,使其逼近阈值,以减小电光延迟时间,使张弛振荡得到一定的抑制。

2) 偏置电流 I_o 在阈值电流附近时,较小的调制脉冲电流就能得到足够的输出光功率脉冲,可减小码型效应。

3) 大的偏置电流会使激光器的消光比恶化。消光比是指激光器在全 0 码时发射的功率与全 1 码时发射的光功率之比,消光比一般应小于 10%。

4) 选择偏置电流时,要兼顾电光延迟、张弛振荡、散粒噪声等,适当选取 I_o 的大小。调制电流 I_m 幅度的选择,应根据激光器的 $P—I$ 曲线,既要有足够的输出光脉冲幅度,又要考虑到光源的负担。另外,I_m 的选择应避开自脉动发生的区域。

(2) 光发射机调制电路

对激光器进行高速脉冲调制时,调制电路要满足下面四个条件:

1) 输出光功率脉冲峰值稳定;

2) 光脉冲的消光比小于 10%;

3) 输入电流脉冲与激光器开始输出光功率之间的延时远小于调制信号的比特间隔;

4) 消除由快速电流脉冲激励起的在输出光脉冲上的寄生振荡。

因此,电路的设计和制造工艺都很重要。图 5-25 是一个 44.736Mbit/s 光发射机调制电路。

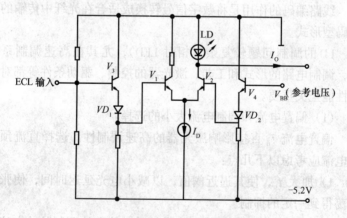

图 5-25 44.736Mbit/s 光发射机调制电路

此电路输入的是 ECL 电平信号。晶体管 V_1 和 V_2 形成电流开关,当 V_1 基极电压为正时,由电流源来的所有电流 I_D 全部通

过 V_1 的集电极，而无驱动电流流过激光器 LD，因此激光器此时流过的电流只是预偏置电流 I_0，激光器处于自然发光状态。

当 V_1 基极电压比 V_2 基极电压 V_{BB} 低时，所有驱动电流 I_D 流过 V_2 集电极，这时流过激光器 LD 的电流是预偏置电流 I_0 与调制电流 I_D 之和（大于阈值电流），激光器发射出激光。

驱动电流 I_D 流过 V_1 还是 V_2 由输入的 ECL 信号决定。ECL 信号（1电平 = -1.8V，0电平 = 0.8V）经 V_3 发射结与二极管 VD_1 平移电平后，加到 V_1 的基极上。V_2 的基极电压用一个温度补偿电压 V_{BB} 固定在 0 电平和 1 电平之间，使电流开关处于非饱和工作状态，以提高工作速度。

(3) 激光器的控制电路

半导体激光器是高速调制的理想光源，但半导体激光器对温度的变化很敏感，所以，必须设法控制由于温度变化带来的激光器输出光功率的不稳定。这不稳定主要表现为：

1）阈值电流随温度呈指数规律变化，使输出光功率发生很大变化，如图 5-26 所示。

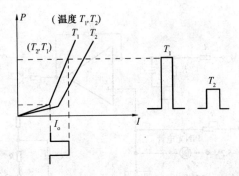

图 5-26 阈值电流、输出光功率随温度变化示意图

2）随温度升高和器件老化，量子效率降低，输出光信号变化。

3）随温度升高，半导体激光器的波长峰值位置移向长波。

控制电路的作用就是消除温度变化的影响,稳定输出光信号。目前国内外采用的稳定方法有以下几种:

(a) 温度控制

采用微型制冷器、热敏元件及控制电路等,使激光器在恒定的温度下工作。

(b) 自动功率控制(APC)

由于激光器的阈值电流随温度变化,在偏置电流(I_o)和调制信号相同的条件下,输出的光功率脉冲是不同的。因此,要使激光器输出幅度稳定的光脉冲信号,一是控制激光器的偏置电流I_o,使其自动跟踪阈值变化;二是控制调制脉冲电流幅度。图5-27是一个实际光纤通信系统中采用的平均光功率型自动功率控制电路。它用光电二极管 PIN 探测发射机激光器的后向光,并将其转为电信号与参考电平比较,为了避免产生误动作,将传输信号序列同时送入运放的另一端,这使得探测器的输出信号还要与传输的信号进行比较,放大后控制激光器的偏置电流I_o,使它跟随阈值电流变化,维持输出光功率的稳定。

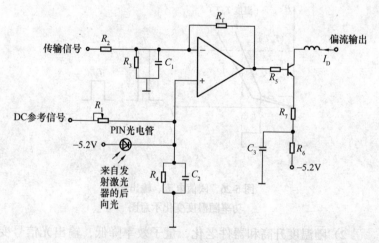

图 5-27 自动功率控制电路

三、光接收机

光接收机的作用是将经过光纤传输的微弱光信号变换为电信号并放大,再生成原传输信号。

对强度调制的数字光信号,采用直接检测的光接收机,其组成框图如图 5-28 所示。

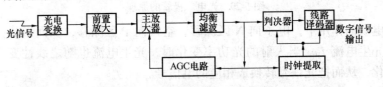

图 5-28　直接检测数字光接收机组成框图

在光接收机中,首先要将光纤输出的光信号转为电信号,即对光进行解调,这个过程是由光电检测器(光电二极管或雪崩光电二极管)来完成的。再把转换后的电信号送入前置放大器,它是一个低噪声放大器。主放大器的作用是提供足够的增益,且它的增益还受 AGC 电路控制,使输出信号的幅度在一定范围内不受输入信号幅度的影响。均衡滤波器的作用是保证判决时不存在码间干扰。判决器和时钟提取电路对信号进行再生。由于在发射机中进行了线路编码,因此,在接收机中也就有相应的线路译码器。

1. 光电检测器

光纤通信中最常用的光电检测器是光电二极管和雪崩光电二极管。

(1) 光电二极管 (PIN)

光电二极管是一个工作在反向电压下的 PN 结二极管。它的工作原理是当 PN 结上加反向偏压时,外加电场的方向和空间电荷区里电场方向相同,外加电场使势垒加强,因此,在空间电荷区里的载流子基本上耗尽,这个区叫耗尽区。如图 5-29 所示。

当有光照射在 PN 结上时,一个光子的能量被原子吸收后产生一个电子—空穴对,如果光生的电子—空穴对在耗尽区里,在

141

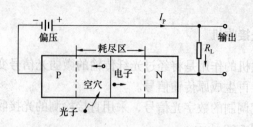

图 5-29 光电二极管的原理

电场的作用下,电子向 N 区漂移,空穴向 P 区漂移,从而形成光生电流 I_P。当入射的光功率变化时,光生电流也随之线性变化,从而把光信号转换成相应的电信号。

工程上常用量子效率和响应度来衡量光电转换效率。

量子效率是转换成光电流的光子数与入射的总光子数之比。即

$$\eta = \frac{转换成光电流的光子数}{入射总光子数} = \frac{I_P/e_o}{P_o/hv} \tag{5-18}$$

式中 P_o 是入射光功率,I_P 是光生电流,e_0 是电子电荷,hv 是一个光子的能量。

入射光功率和光生电流的转换关系用响应度来表示,即

$$R = \frac{I_P}{P_o} = \frac{\eta e_o}{hv} \quad (\mu A/\mu W) \tag{5-19}$$

要得到高的量子效率,应尽量减小光子在表面层被吸收的可能性,增加耗尽区的宽度,使光子尽可能地在耗尽区被吸收。

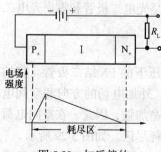

图 5-30 加反偏的光电二极管及电场分布

因此,实际中往往采用 PIN 结构的光电二极管,如图 5-30 所示。I 层是一个掺杂很低的 N 型区。在这种结构中,P_+ 区和 N_+ 区是非常薄的高掺杂区,而低掺杂 I 区很厚,因此,耗尽区非常宽,入射的光子在耗尽区里可充分吸收,提高了量

子效率。

(2) 雪崩光电二极管（APD）

雪崩光电二极管与光电二极管的构造大体相近。它的结构及电场在耗尽区和雪崩增益区的分布如图 5-31 所示。它的内部有一个强电场区（即雪崩增益区），光生的电子或空穴经过此区时被加速，从而获得足够的能量，它们在高速运动中与晶格碰撞，使晶体中的原子电离，从而激发出新的电子—空穴对，新产生的电子和空穴在增益区运动时又被加速，又可碰撞别的原子，这样多次碰撞的结果，使载流子（电子—空穴）迅速增加，光生电流 I_P 迅速加大，形成雪崩倍增效应。APD 正是利用雪崩倍增效应使光电流得到倍增，从而有较高的灵敏度。

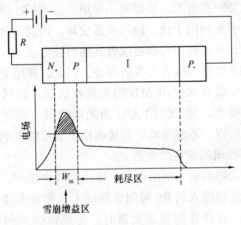

图 5-31 雪崩光电二极管的结构及电场分布

2. 光接收机的灵敏度和噪声

光接收机的主要性能指标是接收灵敏度，它是指在规定的误码率条件下所需要的最小入射光功率。灵敏度与接收机内部随机噪声是密切相关的。下面讨论接收机的噪声及采用不同的光电检测器时对灵敏度的影响。

光接收机的噪声主要来自两个方面，一是外部自然界的噪声,另一是光接收机内部的噪声。光接收机内部噪声是伴随光信号的接收、检测与放大产生的,它使接收机最小可接收平均功率受到限制,即它决定了光接收机的灵敏度。光接收机的内部噪声主要取决于光电检测器噪声和前置放大器内部噪声。

(1) 光电检测器噪声

光子激励产生的电子—空穴对(光生载流子)是随机的,这种由于光生载流子的随机性而产生的噪声称为量子噪声,这是检测器固有的,无法避免。此外,雪崩光电二极管因雪崩过程带来的倍增是随机的,其噪声更大。

(2) 放大器噪声

它主要来自前置放大器,包括电阻和晶体管组件内部噪声,它们与放大器带宽有关。要想减小噪声,必须减小带宽,而带宽减小,必然引起码间干扰,输出波形变坏。因此,放大器的带宽应适当选取,可通过加均衡器改善其输出波形。

由于 PIN 光电二极管无雪崩增益,因此,使用 PIN 的光接收机的灵敏度一般要比使用 APD 的光接收机低,而且放大器噪声远大于量子噪声。对于使用 APD 的光接收机,倍增噪声是主要噪声之一,所以,不能忽略它对接收机灵敏度的影响。

3. 光接收机的前置放大器

前置放大器的输入电阻越高,输出端噪声越小。然而,输入电阻加大,使得输入端 RC 时间常数加大,即放大器的高频特性变差,因此,在选择前置放大器时,要兼顾噪声和频带两个方面,根据具体要求适当选择电路的形式。

前置放大器主要有以下三种类型:

(1) 低阻型前置放大器

这种前置放大器从频带的要求出发选择偏置电阻,使之满足

$$R_i \leqslant \frac{1}{2\pi B_W C_i} \tag{5-20}$$

式中 B_W 为码速率所要求的放大器的带宽,R_i 和 C_i 分别为输入电阻和输入电容。低阻型前置放大器的特点是线路简单,接收机

不需要或只需要很少的均衡，前置级的动态范围较大，但这种放大器的噪声较大。

(2) 高阻型前置放大器

高阻型前置放大器是尽量加大偏置电阻，尽可能减小噪声。它不仅动态范围小，且当比特速率较高时，在输入端信号的高频分量损失较大，因而，对均衡电路提出很高的要求，这在实际中难以做到。因此，高阻型前置放大器一般只能在码速度较低的系统中使用。

(3) 跨阻型前置放大器

跨阻型前置放大器实际上是电压并联负反馈放大器，如图5-32所示。这是一个性能优良的电流—电压转换器，具有频带宽、低噪声的优点。对跨阻型前置放大器，当考虑其频率特性时，上截止频率为

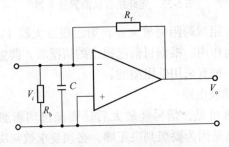

图 5-32 跨阻型前置放大器

$$f_H = \frac{1}{2\pi R_i C_i} \tag{5-21}$$

式中 R_i 是跨阻型放大器的等效输入电阻，其值为 $R_i \approx \frac{R_f}{1+A}$，$A$ 为放大器的增益。跨阻型放大器的输入电阻很小。它通过牺牲一部分增益，使放大器的频带得到明显的展宽。

另外，跨阻型放大器的偏置电阻 R_b 和反馈电阻 R_f 可取得较大，从而使电阻热噪声减小，它在光纤通信系统中得到了广泛应用。图 5-33 是 45Mbit/s 的光纤接收机的跨阻型前置放大器电路。

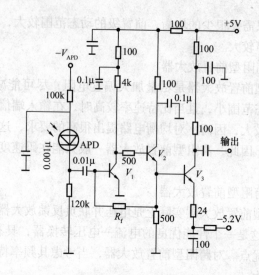

图 5-33 光纤接收机前置放大器

其中 V_1 和 V_2 组成跨阻型放大器，第二级放大器 V_3 提供一定的增益并起隔离作用。根据目前已报道的情况看，前置放大器有采用跨阻型的，也有采用低阻型的。

4. 均衡滤波电路

由图 5-28 可见，信号经放大后还要经过均衡滤波，才对其进行判决。这是因为要想判决正确，必须要求被判决的波形无码间干扰，均衡滤波电路就是为了达到这一目的而设置的。无码间干扰的波形有多种形式，在光纤通信中，输出波形常常被均衡成升余弦频谱的波形。严格地做到这一点是非常复杂和困难的，但一般可以找特性近似的网络代替，再通过实验的方法进行调整，以达到其最接近理想。在这里介绍两种均衡电路。

图 5-34 是二次群（8.448Mbit/s）光纤通信系统中使用的可变均衡电路，此均衡网络的传递函数为

$$H(\overline{\omega}) = V_B(\overline{\omega})/V_b(\overline{\omega}) \tag{5-22}$$

由图 5-34（b）的等效电路可知

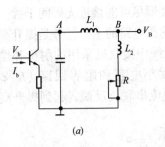 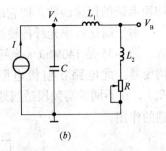

图 5-34 可变均衡电路

(a) 原理图；(b) 等效电路

$$V_B(\overline{\omega}) = \frac{V_A(\overline{\omega})(j\overline{\omega}L_2 + R)}{j\overline{\omega}L_1 + j\overline{\omega}L_2 + R}$$

$$V_A(\overline{\omega}) = I \frac{\frac{1}{j\overline{\omega}C}(j\overline{\omega}L_1 + j\overline{\omega}L_2 + R)}{\frac{1}{j\overline{\omega}C} + j\overline{\omega}L_1 + j\overline{\omega}L_2 + R}$$

将 $V_A(\overline{\omega})$ 入 $V_B(\overline{\omega})$ 表达式中得：

$$V_B(\overline{\omega}) = \frac{I(j\overline{\omega}L_2 + R)/j\overline{\omega}C}{1/j\overline{\omega}C + j\overline{\omega}L_1 + j\overline{\omega}L_2 + R} \tag{5-23}$$

$$I = \beta I_b = \beta V_b(\overline{\omega})/R_i \tag{5-24}$$

式中 R_i 是晶体管输入电阻。所以得

$$V_b(\overline{\omega}) = \frac{R_i}{\beta} I \tag{5-25}$$

将式 (5-23) 和式 (5-25) 代入式 (5-22)，得均衡电路的传递函数为

$$H(\overline{\omega}) = \frac{\beta(j\overline{\omega}L_1 + R)}{R_i[1 - \overline{\omega}^2(L_1 + L_2)C] + j\overline{\omega}RC} \tag{5-26}$$

根据系统的要求，只要改变 R、L_1、L_2 和 C 的值，就能改变

均衡电路的传递函数，使它的输出波形尽可能接近无码间干扰。

对于高比特率光纤传输系统，均衡电路的主要任务是提升高频。图 5-35 是 140Mbit/s 光纤通信系统中接收机采用的射极补偿均衡器。此电路在射极电阻上并联小电容和阻容回路（$R < R_e$），在不同的高频段适当地减小电流串联负反馈，起到提升高频的作用。

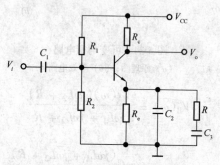

图 5-35　射极补偿均衡器

第五节　光纤通信系统

光纤通信系统由发、收端机和光纤信道组成。目前，不仅强度调制—直接检测（IM—DD）系统已经成熟，各种新的调制方法和新的光纤通信技术也不断涌现，如各种外调制方法、外差接收、光波分复用等，也得到迅猛发展。

一、光纤通信系统和数字网

从 20 世纪 70 年代末进入实用化以来，各种各样的光纤通信系统在世界各地迅速建立起来。光纤通信不仅应用到市话局间线路、长途干线和海底线路上。也应用到了各种局部地区数字网、企业网和计算机网中。光纤通信与卫星通信的结合，将成为现代通信的主要方式。

1. 点对点的光纤通信系统

IM—DD 光纤通信系统是最简单、也是目前最常用、最主要的方式，它的基本组成如图 5-36 所示。

图 5-36 带中继器的点对点光纤通信系统

电发射端机的作用是把通信中要传送的各种信号，如语音、图像等模拟信号转换为数字信号，完成 PCM 编码，并且按照时分复用方式把多路信号复接、合群，从而输出一较高比特率的数字信号。

光发射端机的作用是将电端机送来的数字信号进行线路码编码，以适应光纤线路的要求，并加在激光二极管（或发光二极管）上，用电信号调制光源，而后将已调的光波送入光纤。

电接收端机是与电发射端机对应的分接设备和数字/模拟信号变换装置。

对长距离光纤通信系统需采用中继器接力。即把从光纤中来的弱光信号还原成电信号，经放大、判决和整形，再驱动中继器内的光源，发出较强的光信号转入另一方向的光纤。

2. 局部地区光纤通信网

由于光纤的体积小，抗电磁干扰能力强，重量轻，所以，它经常用于局部地区通信网中，实现多终端通信。加大的工矿企业、电力调度等场合，为提高办公效率，解决公务通信和提高办公自动化程度，经常把许多终端联接起来相互通信，建立多端分配系统；又如随着计算机的迅速发展，光纤通信技术已在各行各业普遍应用，为扩大信息量，使多个计算机共用一些价格昂贵的专用处理器、软件和数据库，也需要建立计算机网。类似于上述这些例子的局部地区通信就可采用光纤通信网。

光纤通信网又有有源网和无源网之分。所谓有源网和无源网是指网络中是否含有中继器。从网络结构形式来讲，它大体可分为串联（T形网络、环形网络）和并联（星形网络）两种形式。

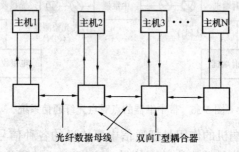

图 5-37 光纤光源 T 形网络

图 5-37 是一个无源 T 形网络，各计算机通过双 T 形耦合器连接到光纤数据母线上。图 5-38 是一个有源环状网络，各计算机通过中继器连接到光纤环路中，中继器采用光—电—光形式，把光纤环路中来的信号放大再生后送给终端机，同时也把再生后的信号及终端机发送的信号经转换开关后发送到下一环节。

图 5-39 和图 5-40 分别是无源和有源星形网络，两网络中分别采用透射型耦合器（无源）和星形再生器（有源）把各计算机并联接在一起。

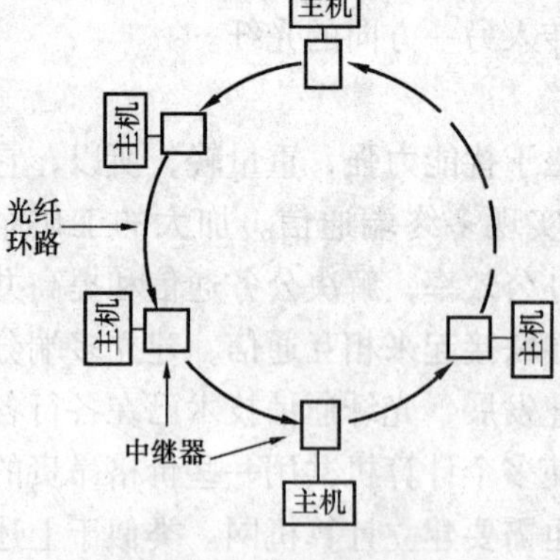

串联网络的各终端计算机共用光纤，有利于节省光纤的根数和长度，但串联网络中的耦合器和连接器的损耗是累积的，因此，对无源网络来说，从邻近计算来的光信号功率大，从远处计算机来的光信号功率小。这就要求接收机有较大的动态范围，而且终端计算机的数量

图 5-38 光纤环形网络

不能太多。

星形网络是并接系统,不存在损耗累积问题,实现多终端无源网络较容易。但它比串联网络使用的光纤根数要多得多,这样就存在光纤拥挤问题。若把串联网和并联网结合起来,各取所长形成一种星形T形混合网络,就可互相取长补短。

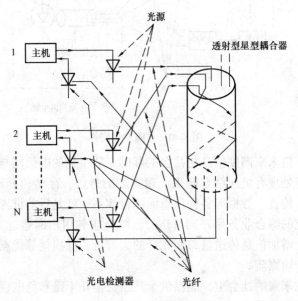

图5-39 无源星形网络

3. 综合业务用户网

随着生产力的发展、社会的进步,人们越来越迫切地要求迅速地获得、传送和交换信息,人们对信息需求量和获得信息的时间概念越来越强。用户对传统的电话已不满足,希望能够经济而有效地提供包括电话、传真、图像通信和数据终端等业务在内的综合电信业务,而计算机的发展使这种高级信息网的建立成为可能。

计算机产生后,人类智能活动的范围扩大了。随着计算机和电信的有机结合,可以综合而且有效地传递、存储和处理信息,

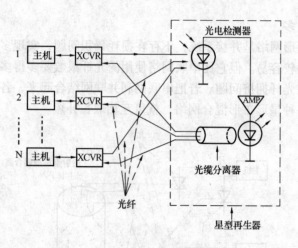

图 5-40 有源星形网络

成为支持未来高度信息化社会的基础。数字化的电信网与计算机的信息处理有机地结合起来,建立新的传送、存储和处理电话、图像、传真、数据等各种信息的综合体系,就是目前世界各国竞相研究的综合业务用户网(INS)。综合业务用户网通过高速化、宽带化增加信息传送量,而光纤的大容量、低损耗等优点正是理想的传输媒质。

在未来的社会里,能提供十几路其至几十路彩色电视,包括可视电话、传真、遥控、数据终端等多种业务的数字网可望建成。而光纤通信必将显示出其优势,成为信息社会通信中不可缺少的重要部分。

二、波分复用系统

在前面讨论的光纤通信系统中,光纤中所传输的都是一个光源的信号。但由光纤的制造技术证明,只要除去石英光纤中的杂质,光纤在 $0.8\sim1.6\mu m$ 波段范围内具有较低的损耗,而每个激光二极管波谱只有几十 Å 或几 Å 的带宽。因此,为了充分利用光纤、增加光纤的传输容量,可以在一条光纤中传输多个不同波长的光信号,只要这些光源的波长有着适当的距离,能使接收端的光频器件将它们分开即可。这种系统就是光频波段的波分复用系统(WDM系统)。

光波波分复用系统的组成框图如图 5-41 所示,图(a)是单

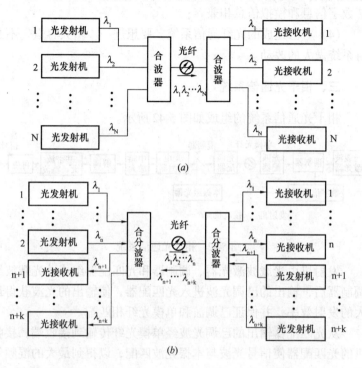

图 5-41 波分复用系统
(a)单向波分复用系统;(b)双向波分复用系统

向波分复用系统,来自不同光源的不同波长的光信号经过合波器后,耦合进同一根光纤中传输,在光纤输出端,分波器再把不同波长的光信号分开,然后送到各自的光接收机分别检测、放大、再生。图(b)是双向波分复用系统,该系统通过两个合分波器在一根光纤中实现几个波长的双向通信。

波分复用系统有以下几个优点:

(1)能充分利用光纤的低损耗波段,增加光纤的传输容量,

降低成本；

（2）可在一根光纤中用不同的波长实现双向通信；

（3）可实现单根光纤中用不同的波长传输不同类型的信息，使数字信息和模拟信息相兼容；

（4）对已建成的光纤通信系统，要想进一步增大容量，不必对系统做大的改动。

三、相干光通信系统

相干光通信系统的组成如图 5-42 所示。

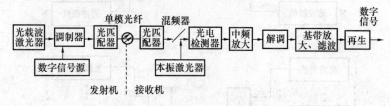

图 5-42 相干光通信系统

发射机由光载波激光器、调制器和光匹配器组成。光载波经调制器后，输出的已调光波进入光匹配器，使输出的光波获得最大的发射效率，并保证已调波和单模光纤相匹配。

从光匹配器输出的已调光波经单模光纤传输到接收端，接收机的光匹配器使信号光波与本振光波匹配，以得到最大的混频效率。

已调信号光波和本振光波混频后，由光电二极管进行检测，输出的中频电信号经中频放大后，再经过适当处理，根据发射端调制形式进行相应解调后获得基带信号，再对其进行放大、再生就得到数字信号。

与 IM—DD 系统相比，相干光通信系统接收灵敏度高，中继距离长；可采用光频波段的复用技术，传输容量增加。

四、全光传输—光孤子光纤通信

光脉冲在光纤中传播，光强密度足够大时会引起光脉冲变窄，脉冲宽度可达零点几个 ps，这是非线性光学中的一种现象，称为光孤子现象。若使用光孤子进行通信，可使光纤的带宽增加 10~100 倍，使通信距离与速率大幅度地提高，它为高比特率、长距离光纤通信展示了非常广阔的发展远景。

第六章　多媒体通信技术

多媒体通信是通信技术、多媒体计算机技术和电视技术相结合的产物，同时融合了通信的分布性、计算机的交互性、多媒体的复合性以及电视的实时性等特点，因而成为近代通信的发展方向和研究热点。本章首先讲述多媒体的基本概念，然后讨论多媒体数据压缩技术、多媒体通信网络及多媒体通信协议，最后介绍多媒体通信系统的应用。

第一节　概　　述

一、多媒体的基本概念

媒体是信息的承载体，是人们交流思想、观念和意见的中介物，如：文字、图形、声音等等。根据国际电联（1TU—T）的定义，媒体可分为五类。

（1）感觉媒体（Perception Medium）：指能直接作用于人的感官，使人直接产生感觉（视、听、嗅、味、触觉）的一类媒体，如语言、音乐、运动图像、数据、文字、气味、温度等。

（2）表示媒体（Presentation Medium）：指为了对感觉媒体进行有效的传输、加工和处理，而人为地构造出的一种媒体，如文本编码、语音编码、静止和活动图像编码等。

（3）显示媒体（Display Medium）：指完成感觉媒体和用于通信的电信号之间变换的媒体。可分为输入显示媒体（如键盘、话筒、摄像机等）、输出显示媒体（如显示器、麦克风、打印机等）两类。

(4) 传输媒体 (Transmission Medium): 指用于承载信息,完成信息传送的物理载体,如光纤、同轴电缆、双绞线、自由空间等。

(5) 存储媒体 (Storage Medium): 指存放表示媒体的物理实体,如纸张、磁盘、光盘等。

多媒体一词最初的含义是:把由两个或两个以上的感觉媒体各自生成的表示媒体组合成单一产品或呈现为一系统,以便通过多种感观通道来交流信息。需要注意的是,多媒体不是多种媒体的简单叠加。多媒体中的各种表示媒体必须在时间上同步。当多媒体中包含有图形或图像的组合时,还必须保证它们的空间同步。因此,多媒体是由多种表示媒体按照特定的时空同步关系组合在一起构成的。目前,多媒体有多媒体终端、多媒体网络、多媒体通信等,国际电联对多媒体服务的定义是特指能处理多种表示媒体的服务。

二、多媒体通信及其主要特征

多媒体通信是一种把通信、电视和计算机三种技术有机地结合在一起的新兴的通信技术,人们在传递和交换信息时采用"可视的、智能的、个人的"服务模式,同时利用声、图、文等多种信息媒体。用户可以不受时空限制地索取、传播和交换信息。为了满足上述要求,多媒体通信系统必须具有以下特征:

1. 集成性

多媒体通信系统必须具有集成性。在多媒体通信系统中,必须能同时处理两种以上的媒体信息,包括对各种不同媒体信息的采集、信息数据的存储、处理、传输和显示等。其次,由于多媒体中各媒体之间存在着复杂的关系,如时间关系、空间关系、链接关系等,因而所有描述这些关系的信息也必须相应地进行处理。

2. 交互性

交互性是指在通信系统中人与系统之间的相互控制能力。只有这样，系统才能不再局限于传统通信系统简单的单向、双向的信息传送和广播，实现真正的多点之间、多种媒体信息之间的自由传输和交换。总之，交互性是多媒体通信系统的一个重要特性，是多媒体通信系统区别于其他通信系统的重要标志。交互性为用户提供了对通信全过程完备的交互控制能力，就像视频点播（Video on Demand，VOD）系统。传统的电视集声音、图像、文字于一体，但不能称其为多媒体通信系统，因为用户只能通过选择不同的频道，观看电视台事先安排好的电视节目，而无法根据自己的需要在适当的时间，观看特定的节目。视频点播系统却可以完全满足用户的上述需求。

3. 同步性

同步性是指多媒体通信终端上显示的图像、声音和文字必须以同步方式工作，这是由多媒体的定义决定的。因此多媒体通信系统中通过网络传送的多媒体信息必须保持其时间对应关系，即同步关系。例如，用户要查询一种野生动物北极熊的生态信息，北极熊的图像资料存放在图像数据库中，而其吼叫声、讲解资料等放在声音数据库中，还有其他相关的资料放在相应的数据库中。多媒体终端必须通过不同的传输途径获取不同的信息，并将它们按照特定的关系组合在一起，呈现给用户。可以说，同步性是多媒体系统区别于多种媒体系统的根本标志。另外，同步性也是多媒体通信系统的最大的技术难点之一。

上述三个特征是多媒体通信系统所必须具有的，缺一不可。

三、多媒体通信业务

多媒体通信业务的特征是基于群体的通信，在一次单一的通信会话期间，可以有多个参与方，多条链结，而且通信资源和用户数可以增减。

多媒体业务类型可以分为交互式业务和分配型业务两大类。

1. 交互型业务

交互型业务包括会话型、电子信函型和检索型业务。

（1）会话型业务：用于在两点之间或与多点之间同时传递语音、图像和文件，但也包括高速数据的传输。该业务可以是即时发生的，双方或几方预定的，也可以是永恒型的。用户信息流量可以是双向对称或不对称的。如会议电视、文本传送、可视电话等。

（2）电子信函型业务：包括传递图像和伴音的电子信箱业务，以及传递混合文件的电子信箱业务。它具有存储—转发和消息处理的功能。该业务可以是点对点或点对多点进行的，可以是双向对称或单向的。如声、图、文电子信箱，文本传递等。

（3）检索型业务：包括宽带可视图文、高分辨率图像检索，文件/数据检索等，应用于远程教学、远程诊断、远程购物及娱乐等。该业务是即时进行的，可以是点对点或点对多点方式。

2．分配型业务

按用户能否进行单独演示控制，分配型业务分为两种：

（1）用户不能控制的分配型业务：包括常规电视、文件传送、高速不受限制数字信息传递等。分配型业务，可以用于电视节目的分配和电子报纸等。该业务是广播型的，用户不能控制广播信息的起始时间和顺序。

（2）用户能够进行单独演示控制的分配型业务：包括全频道广播视频通信，可用于远程教学，新闻检索和节目点播等。该业务是点播型的，用户可以控制节目播放的起停和顺序。

四、多媒体通信的应用

随着信息社会的到来，教育、科研、商业等众多行业利用多媒体通信技术提高工作效率的需求越来越迫切，多媒体通信技术的发展也有赖于应用环境的发展。多媒体通信应用领域主要有以下几方面：

（1）办公自动化：多媒体通信技术的主要受益领域是办公和商业化环境。利用多媒体通信技术建起的"虚拟办公室"可以将相距遥远的工作人员密切地联系起来,就像在一个办公室里面对面那样交流和处理各种不同的信息。在不远的将来,工作人员可以在不同地点的办公室,甚至在家里起草、修改、处理各种公文、图纸等文件。

(2)服务行业:包括教育、财政、医疗服务等。远程多媒体教育可以克服地理限制,学习者身临其境,声、文、图同时作用于感官,生动而深刻,增加了参与感,增强了学习效果。"交互式指导"的教学模式,使学习者能够接受针对性的引导,并有控制地纠正错误。远程医疗诊断可以提供对异地的医疗信息库的远程查询,实现多处异地医疗会诊和诊断,使诊断更及时、更有效。

(3)科研和工程:使用多媒体通信可支持分布式制造和设计。

(4)家庭:多媒体通信给家庭用户提供了大量的信息服务,如看新闻、受教育、保健、医疗、休闲、社会活动、消费活动、家庭管理等。多媒体通信的家庭应用是一个潜力很大的市场。

(5)其他应用领域:在军事和保安(指挥、调度、会议与现场检测)、交通管理、金融、保险、房地产等领域也有广泛的应用。

目前,人们比较关心的多媒体通信有多媒体会议电视、远程购物、远程医疗、远程教育、游戏等。多媒体通信将成为本世纪的基本通信方式。

五、多媒体通信中的关键技术

多媒体通信技术可以分为多媒体通信终端技术、支持多媒体业务的通信网络技术和多媒体应用系统技术三部分。其中关键技术主要有音频、视频数据压缩编码技术,宽带网络技术,信号处理与识别技术。

1. 音频、视频数据压缩编码技术

多媒体信息的信息量通常都很大,特别是视频信息,在不压缩的条件下,其传送速率可在140Mbit/s左右,至于高清晰度电视(High Definition Television,HDTV)则高达1000Mbit/s。为了节约带宽,让更多的多媒体信息在网络中传送,必须对多媒体信息进行高效的压缩。

经过了近20年的努力,语音信号压缩技术、视频压缩技术有了重大的发展,出现了H.261、H.263、MPEG-I、MPEG-2、DivX、Xvid等一系列的视频压缩的国际标准,经压缩后的HDTV信息速率只有20Mbit/s。64 Mbit/s的语音信号经压缩后可降到32Kbit/s,甚至5~6 Kbit/s。为了提高信道利用率,视频与音频压缩编码作为多媒体信源编码技术必须首先解决。

2. 宽带网络技术

尽管数据压缩编码技术能够大大降低多媒体信息的数据率,从而降低多媒体通信对通信网传输速率的要求,即降低了对信道带宽的要求,但压缩后的多媒体数据率仍较高,如前面提到的经压缩后的HDTV信息速率仍有20Mbit/s,为了不失真地进行传输,要求传输信道的带宽应为20Mbit/s。

目前,以ATM技术为核心的B-ISDN无疑是多媒体通信的理想网络。IP技术也在飞速发展,ITU-T于1996年10月公布了用于IP网上的多媒体终端标准—H.323。在Internet网上实现多媒体通信也是一个重要的发展方向,但必须解决带宽不易控制、时延不能保证、QoS不能保证等问题。

接入网是目前通信网中的瓶颈,全光网、无源光网络、光纤到户是公认的理想的接入网,但所需的巨额投入限制了其使用。当前较为有效的解决方案是充分挖掘现有铜线的潜力,将其改造成宽带接入网。

3. 信号处理与识别技术

除了前面已经提到的视频、音频数据压缩编码等对多媒体信息的处理之外,为了适应长距离地传输信号,还必须对信号进行纠错编码、采用适当的调制技术和一定的数字滤波技术。

第二节 音频数据压缩技术

一、概述

多媒体信息主要包括图像、声音和文本三大类,这些信息具有数据量大,码率可变,突发性强,复合性信息多,同步性、实时性要求高等特点。比如 PAL 制彩色电视信号,其带宽为 5MHz,帧速率为 25 帧/s,样本宽度是 24bit,而采样频率至少应为 10MHz。一帧这样的视频图像数字化后为:

$$(10MHz/25) \times 24 = 9.6Mbit = 1.2MByte$$

1 秒钟的视频图像为:

$$1.2 \times 25 = 30MByte$$

这样,常见的 CD-ROM 光盘(容量 650MB,700MB)只能存放 20 多秒的原始视频图像。

音频信号也存在类似的问题。模拟音频信号的带宽为 22kHz,采样速率至少为 44kHz,若样本宽度为 16bit,则 1 秒钟的音频信号数字化后将有:

$$44 \times 16 = 704kbit = 88kByte$$

而目前 PSTN 的传输速度最高才有 33.6kbit/s。因此,为了有效地对多媒体信息特别是图像和音频信息进行高效率的传输、存储和处理,必须对图像和声音等多媒体信息进行适当的处理。这些处理既包括常规的信号采集、数字化、滤波、重建等过程,还包括信息压缩、编码、存储等处理,这些处理对多媒体通信尤为重要。其中多媒体信息的压缩技术是多媒体通信的核心技术之一,在保证所需的传输质量的条件下,压缩比越大,传输成本越小,传输效率越高。

1. 数据压缩的依据——数据冗余

我们知道,直接对多媒体信息数字化后得到的数据量是巨大的,现有的存储、处理及传输设备都无法对如此巨大的数据量进行管理和操作。所幸的是，在原始的多媒体数据中除有用信息外，还有大量的无用信息，这就是数据冗余。将这些无用的信息去除，就可以达到压缩数据的目的。因而数据压缩技术的核心是利用最短的时间和最小的空间，传输和存储多媒体数据信息。

多媒体数据中的数据冗余一般有以下6种：

(1) 空间冗余：图像中统一色彩区域中的相邻像素，其色彩信息将是相同的。这种相邻像素色彩信息的相关性产生了数字化图像中的数据冗余。

(2) 时间冗余：如前一幅图像和后一幅图像有很多相同之处，存在有很大的相关性。这些都属于时间冗余。

(3) 信息熵冗余（编码冗余）：信息熵指的是一组数据所携带的信息量。在数据编码过程中，码元的长度通常与信息出现的概率相对应，但码元长度按概率对应的数据量往往大于信息量，由此产生了信息熵冗余。

(4) 结构冗余：某些图像存在结构上的一致，如一堵砖墙或网格状的麦田，构成了图像数据结构冗余。

(5) 知识冗余：许多图像的理解与某些知识有很大的相关性。如人脸的图像有固定的结构，这个结构规律是我们所熟知的，这就是知识冗余。

(6) 视觉、听觉冗余：人眼对色差信号的变化不敏感。这就允许在数据压缩和量化过程中引入噪声，只要图像的变化在允许的阈值范围内。这就是视觉冗余。听觉冗余也类似。

在一定质量要求的前提下，将多媒体数据中的这些冗余减少到尽可能少，是数据压缩所要完成的工作。

2. 数据压缩的类型

数据压缩消除了以数据形式存在的冗余度，减少了存储这些多媒体信息（特别是图像信息）的空间，便于有效地对这些信息数据进行管理。但在消除冗余度时，一些真正的信息也可能被消除。

数据压缩处理包括编码和解码两个过程。编码就是为了达到某种目的（如减少数据量）而将原始数据进行某种变换的过程。解码则是编码的逆过程，将变换后的数据还原成可用的数据。

根据解码后的数据与原始数据是否一致，数据压缩方法可划分为两类：

(1) 无损压缩：数据在压缩或解压过程中不会改变或损失，解压缩后的数据与原来的数据完全相同。

(2) 有损压缩：指压缩引起了一些信息的损失，解压缩后的数据与原来的数据有所不同，但不会使人们对原始资料表达的信息产生误解。有损压缩的前提是人耳听到声音和人眼在看到景物（或图像）时，人类感官的自然本性，会将播放中的某些间断连接起来，即填入丢失的信息，当然丢失的信息必须少于人眼或人耳不能将信息中的间断连起来之前允许损失的信息量。有损压缩技术主要用于解压后的信号不一定非要与原始信号完全相同的场合，如音频、彩色图像和视频等数据的压缩中。

3. 常用的数据压缩方法

压缩编码算法就是要减少冗余信息，在允许一定程度失真的前提下，对数据进行很大的压缩。压缩编码通常采用以下几种方法：

(1) 预测编码。预测编码根据离散信号之间存在的关联性，利用信号的过去值对信号现在值进行编码，达到数据压缩的目的，预测编码包括差分脉码调制（Differential Pulse Code Modulation, DPCM）及自适应差分脉码调制（Adaptive Differential Pulse Code Modulation, ADPCM）等。

(2) 变换编码。变换编码先对信号按某种函数进行变换，从一种信号域交换到另一种信号域，再对变化后的信号进行编码。变换编码主要有：离散傅里叶变换、离散余弦变换（Discrete Cosine Transform, DCT）、Walsh-Hadamar 变换（WHT）、Karhumen-Love 变换（KLT）。

(3) 统计编码。统计编码利用消息出现概率的分布特性来进行数据压缩编码。当信息数据符号出现的概率不同时，就存在信息熵冗余。对出现概率大的信息数据符号用短的码字表示，反之则用较长的码字表示，就可减少符号序列的冗余度，从而提高码字符号的平均信息量。统计编码是一种无损编码。

(4) 子带编码（Subband Code，SBC）。子带编码是根据人的感官对于时频组合信号敏感程度不同的特性来进行数据压缩编码的。根据这一特点，将输入信号用某种方法划分成不同频段（时段）上的子信号，然后区别对待，根据各子信号的特性，分别编码；对信号中有重要影响的部分分配较多的码字，反之则分配较少的码字。

(5) 行程编码。行程编码是最简单、最早开发的数据压缩方法，特别适用于0、1成片出现时的数据压缩。当数据中0出现较多，1出现较少时，可以对0的持续长度进行编码，1保持不变，反之亦然。

(6) 结构编码。编码时首先将图像中的边界轮廓、纹理等结构特征求出，然后保存这些参数信息。解码时根据结构和参数信息进行合成，恢复出原图像。

(7) 基于知识的编码。对于像人脸等可用规则描述的图像，可利用人们已知的知识形成一个规则库，即可将人脸等的变化用一些参数进行描述。联合使用参数和模型就可实现图像的编码和解码。结构编码和基于知识的编码方法均属于模型编码，被称为第二代编码，具有很高的压缩比。

下一节开始将结合音频信号和视频信号的不同情况，对常用的多种编码方法进行较详细的分析。

二、音频数据压缩技术

自古以来，声音是人类互相交流，互相传递信息的一种重要手段。在人与自然界的交往中，也有约20%的信息来自外部声音信号。目前声音通信方式（电话）早已成为最主要的信息传递途径之一。作为携带信息的极其重要的媒体，声音也是多媒体技术研究中的一个重要内容。

根据国际电信联盟 ITU（International Telecommunication Union）关于服务质量的规定，可将音频信号分为以下三类：

电话质量的语音，其频率范围在 300Hz～3.4kHz

调幅广播质量的音频，其频率范围在 50Hz～7kHz，又称"7kHz 音频信号"

高保真立体声音频，其频率范围在 20Hz～20kHz

上述的音频信号都是模拟信号。为了使信号既具有较强的抗干扰能力，又便于多媒体通信系统存储处理和传输，需要首先将其转换为数字信号，即量化。然后再对数字信号进行压缩编码。

对音频信号压缩的基本依据是语音信号的冗余度和人类的听觉感知机理，语音压缩需要在保持可懂度和音质、限制码率及降低编码过程计算代价（如计算时间，所选芯片成本等）等方面进行折中。传统的音频压缩技术可分为三类：

基于语音波形预测的编码方法。这类方法的优点是简单、易于实现、可获得较高的语音质量。缺点是压缩比较低。

基于参数的编码方法。这类编码方法数据率低，压缩比较高，但不易获得较高的语音质量。

混合编码方法。这种方法综合了波形编码的高质量和参数编码的高压缩比的优点，能够取得比较好的效果。

下面分别讨论这三种音频压缩技术。

1. 波形编码

波形编码是利用抽样和量化来表示音频信号的波形，使编码后的信号与原始信号的波形尽可能一致的编码方法。根据人耳的听觉特性来进行量化，以实现数据压缩。常用的算法有：

PCM、DPCM、ADPCM 等预测编码算法，自适应变换编码（Adaptive Transform Coding，ATC），以及子带编码（SBC）等。

(1) PCM—脉冲编码调制

PCM（Pulse Code Modulation）是概念上最简单、理论上最完善的编码系统；是最早研制成功，使用最广泛的编码系统；也是数据量最大（压缩比最低）的编码系统。PCM 编码原理如图 6-1

所示。

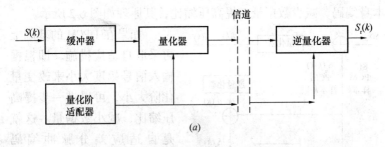

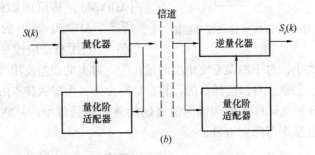

图 6-1 PCM 编码原理
(a) 前向自适应；(b) 后向自适应

在上述框图中，如果对采样后的脉冲信号直接进行均匀量化必将导致强度小的信号产生较大的量化噪声误差，而强度大的信号却会有不必要的高信噪比。为此在 PCM 中，先对采样后的脉冲信号进行压扩处理，对小信号进行放大，对大信号进行压缩，然后再均匀合化。解码后再进行相反的过程，恢复来的信号。美国和日本采用 μ 律压扩曲线，而我国和欧洲则采用 A 律 13 折线。

(2) DPCM 和 ADPCM

典型的窄带语音带宽限制在 4kHz，采样频率是 8kHz，当使用对数量化器时，样本精度取 8bit，则数据率为 64kbit/s。为了提高压缩比，可以采用 DPCM 编码法。语音信号前后样值之间存在较强的相关性，即从一个样值到另一个相邻的样值信号的变化不大，因此可以通过对相邻信号之间的差值编码代替对信号样值本身编码，减少数据量，提高压缩比，其原理如图6-2所示。

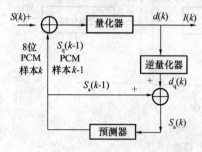

如果在 DPCM 的基础上再采取自适应措施，即根据输入信号幅度大小来改变量化阶大小，可以进一步提高压缩比，减小数据量。这就是自适应差分脉冲编码（ADPCM）。其原理如图6-3所示。ADPCM 编码的核心是：①利用自适应改变量化阶的大小，对小的误差使用小的量化阶，对大的误差使用大的量化阶。②通过对以前样本的计算，估算出下一个输入样本的预测值，并使实际样本值和预测值之间的差值总是最小。ADPCM 获得的数据率可降到 16kbit/s。

图6-2 DPCM编码原理框图

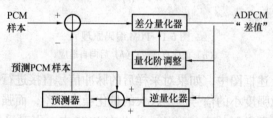

图6-3 ADPCM编码原理框图

（3）子带编码（SBC）

子带编码框图6-4中，子带编码主要过程是：①使用一组带通滤波器（Band Pass Filter，BPF）把输入信号的频带分成若干个连续的频段，每个频段称为子带。②对每个子带中的音频信号采用单独的编码方案去编码。③在信道上传送时，将每个子带的代码复合起来。④在接收端译码时，将每个子带的代码单独译码，然后把它们组合起来，还原成原来的信号。采用对每个子带分别编码的好处首先是：可以对每个子带信号分别进行自适应控制，量化阶的大小可以按照每个子带的能量电平加以调节，以减少总的量化噪声。其次可根据每个子带信号的感觉上的重要性，对每个子带分配不同的位数来表示每个样本值。

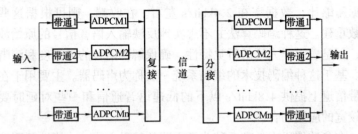

图 6-4 子带编码框图

音频频带可以根据频率的高低进行分割，即可分割成带宽相等的子带，也可以是带宽不等的子带。由于分割频带所用的滤波器不是理想的滤波器，经过分带、编码，译码后合成的输出音频信号会有混迭效应。而如果采用正交镜像滤波器（Quadrature Mirror Filter, QMF）来划分子带，会使混迭效应在最后合成时抵消。

子带编码器愈来愈受到重视。在中等速率的编码系统中，子带编码的动态范围宽，音质高，成本低。使用于带编码技术的编码器已用于语音存储转发和语音邮件。

2. 参数编码

语音信号的波形编码，具有编码质量好，能保持原始语音波形特征的特点，但波形编码的高质量解码语音需要系统具有比较高的编码速率，以保持语音波形中的各种过渡特性。高的传码率意味着需要高的传输带宽。同时无线通信领域，保密和军事通信、多媒体通信等领域也迫切需要对传码率进行大的压缩。这一切都要求采用压缩比更高的数据压缩技术——参数编码。

参数编码的基础是人类语音的生成模型。一个简化的模型如图 6-5 所示。图中声道模型、辐射模型构成了声音的生成系统，它代表了人的口腔、鼻腔和嘴唇等部分的特性。而浊音激励、清音激励、声门波形成等部分，模拟了人类通过不规则的呼吸，在气管中产生压缩空气，压迫声带，发出声音的物理过程。通信中，发端只需将各方框的参数进行编码、发送，从而获得很高的数据压缩比，数据率在 2.4kbit/s 左右。在收端，则可根据这些参数重建。这种编码算法并不忠实地反映输入语音信号的原始波形，而是着眼于人耳的听觉特性，确保解码语音的可懂度和清晰度。基于这种编码技术的编码系统一般称为声码器。主要用于在窄带信道上提供 4.8kbit/s 以下的低速语音通信和一些对延时要求较宽的应用场合。

在参数编码中，有一种非常重要的编码方法——线性预测编码（Liner Predictive Coding，LPC）。线性预测编码通过分析语音波形来产生声道激励和各项模型参数，对这些参数进行编码。在接收端通过语音合成器重构语音。合成器实质上是一个离散的、随时间变化的时变线性滤波器。它也可用来分析语音波形，因此可作为预测器用于人的语音生成系统模型。

3. 混合编码

混合编码是波形编码和参数编码两种方法优点的结合：既利用了语音生成模型，通过对模型中的参数进行编码，减少波形编码中被编码对象的动态范围或数目；又使编码的过程产生接近原始语音波形的合成语音，以保留说话人的各种自然特征，提高了合成语音质量。目前最成功并且普遍使用的编码器是时阈合成—分析（Analysis by Synthesis，AbS）编译码器。这种编码器试图寻找一种能使产生的波形尽可能接近原始语音波形的激励信号。

AbS 编译码器由 Atal 和 Remde 在 1982 年首次提出，并命名为多脉冲激励（Multi-Pulse Excited，MPE）编译码器。此后又出现了等间隔脉冲激励（Regular Pulse Excited，RPE）编译码器、码激励线性预测（Code Excited Linear Predictive，CELP）编译码器和混合激励线性预测（Mixed Excitation Linear Prediction，MELP）编译码器等。

AbS 编译码器的一般结构如图 6-6 所示。这种编译码器先

"分析"输入语音提取发声型中的声道模型参数,然后选择激励信号怕激励声道模型产生"合成"语音,通过比较合成语音与原始语音的差别,选择最佳激励,以获得最佳逼近原始语音的效果。这种编译码器在 4.8~16kbit/s 码率上,能合成出质量较高的语音。

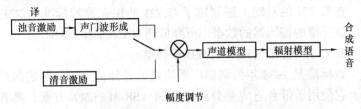

图 6-5 语音信号产生的数学模型

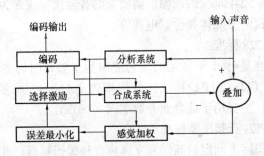

图 6-6 AbS 编译码器的结构框图

三、音频压缩的国际标准

根据不同的质量要求,国际电联和国际标准组织制定了一系列有关音频压缩编码的标准。

1. G.711 标准

该标准是 1972 年制定的电话质量的 PCM 语音压缩标准,其数据率为 64kbit/s,使用非线性量化技术。频率范围为 300Hz~3.4kHz。

2. G.721 标准

该标准是 1984 年制定的被称为 32kbit/s 自适应差分脉冲编

码（32kbit/s Adaptive Differential Pulse Code Modulation）的标准。这个标准提供了 64kbit/s A 律或 μ 律 PCM 速率和 32kbit/s 速率之间的相互转换，提供了一种对中等质量音频信号进行高效编码的有效算法，同时适用于语言压缩、调幅广播质量的音频压缩以及 CD-1 音频压缩等应用。

在 G.721 的基础上还制定了 G.721 的扩充推荐标准 G.723，使用该标准的编码器的数据率可降低到 40kbit/s 和 24kbit/s。

3. G.722 标准（7kHz 音频压缩标准）

该标准是 1988 年为调幅广播质量的音频信号压缩制定的标准。它使用子带自适应差分脉码调制（SB-ADPCM）方案；具有数据插入功能，使音频码流与所插入的数据一起形成比特流。G.722 能将 224kbit/s 的调幅广播质量的音频信号压缩为 64kbit/s，主要用于视听多媒体和会议电视等。

4. G.728 标准

该标准是 1991 年制定的，它使用基于短延时码本激励线性预测编码（LD-CELP）算法，数据率为 16kbit/s，质量与 G.721 标准相当，主要用于综合业务数字网（ISDN）。

5. MPEG 音频压缩标准

这是国际上制定的高保真立体声音频编码标准。此标准按不同算法分为三个层次，层次 1 和层次 2 具有基本相同的算法。输入音频信号经过 48、44.1 和 32kHz 频率采样后，通过滤波器组分成 32 个子带。编码器利用人耳的掩蔽效应，控制每一个子带的量化阶数，完成数据压缩。MPEG 音频压缩标准的层次 3 进一步引入了辅助子带、非均匀量化和摘编码等技术，可进一步压缩数据。MPEG 音频的数据率为每声道 32~448kbit/s。

6. AC-3 系统

AC-3（Audio Code Number 3）系统不是国际标准，而是由 Dolby（杜比）公司开发的新一代高保真立体声音频编码系统，它不仅具有变换编码、自适应量化和比特分配、人耳的听觉特性等传统优点，还采用了指数编码、混合前/后向自适应比特分配及耦合等新技术，测试结果表明 AC-3 系统的总体性能要优于目前的 MPEG 标准。AC-3 系统正在成为"事实上"的音频标准。

第三节 图像数据压缩技术

一、概述

在多媒体通信中，图像也是一类重要的媒体。人类所获得的信息中有 60% 以上是通过视觉获得的，而这中间又包括了大量的图像、动画等信息。一般来说，图像、动画等能够比单纯的文字更直观地体现信息的内涵，更易于被别人接受。但在通信过程中，传输图像、特别是动态图像需要占据更宽的带宽，存储时也需要更大的存储空间。在目前的设备条件下，对图像信号所生成的数据信号进行压缩是非常必要的。

长期以来，为了更好地传输图像信号，图像压缩技术一直在不断地发展。到目前为止，已经发展了第一代基于像素的图像编码技术、第二代基于图像内容及人类视觉系统特性的图像编码技术。

第一代图像编码技术的实现相对来说较简单，其编码实体是像素或像素块（8×8 或 16×16），它们具有以下的共同特点：

把图像分解成一些事先确定的固定大小的像素块，其块的划分方法与图像内容无关。

接收端获得的图像中的每一像素，与原始图像中相对应的像素是相似的。

利用运动补偿技术减少时间冗余度，但不考虑图像内容的结构，几乎不考虑人眼的视觉特性。

目前，多媒体通信技术中常用的仍是这类编码方法，也称其为经典方法，主要的编码方法有：

(1) 无损压缩编码。哈夫曼编码、算术编码、行程编码等。

(2) 有损压缩编码。

1) 预测编码。DPCM、运动补偿；

2）频率阈方法。正交变换编码（如 DCT），子带编码；

3）空间阈方法。统计分块编码；

4）基于重要性。滤波、子抽样、比特分配、矢量量化。

这些编码方法可以组合在一起应用，这就有了 H.261、JPEG、H.263 等图像压缩国际标准。

随着编码技术研究的逐步深入，人们发现第一代方法用于极低比特率的视频编码时有着较严重的局限性，几乎已达到压缩的饱和状态。1985 年，正式提出了第二代图像编码技术。如果说第一代编码方法的着重点在于"如何给一个基于一定分割方式（如 8×8 像素）得到的图像消息序列分配合适的码字"，那么，第二代编码方法的重点则在于"按照怎样的方式获得图像消息序列"；换句话说第二代编码方法中，按图像的内容分割图像生成消息序列，同时还结合了人眼的视觉特性。第二代编码方法中主要有：模型基图像序列编码、分析基图像序列编码、小波变换编码等。

二、图像数据压缩编码技术

1．预测编码

预测编码可分为帧内预测编码和帧间预测编码。

（1）帧内预测编码

帧内预测编码用的最多的是差分脉冲编码调制（Differential Pulse Code Modulation，DPCM）法。这种方法的原理在前面已经讨论过了。当 DPCM 用于图像数据压缩时，选取画面上坐标 (m, n) 的像素点的 3 个（或更多个）相邻点 $(m-1, n)$、$(m-1, n-1)$、$(m, n-1)$ 的数值，预测 (m, n) 像素点的数值。然后将预测值与实际值相比较，取得误差。按误差最小的条件来确定预测公式中的各系数值。

当画面上相邻点发生全范围变化时，如边界处的像素点，DPCM 的效果较差，重构的图像会产生边界模糊。此时可以使用自适应差分脉冲编码调制 ADPCM。通过自动调整预测公式中的系数,得到较为理想的结果。

(2) 帧间预测编码

序列图像(运动图像)帧间有很强的时间相关性。利用帧间编码技术可以减少帧序列内图像信号的冗余。运动补偿法是常用的帧间预测编码方法。

运动补偿技术的关键是计算图像中运动部分位移的两个分量(运动向量),根据画面内的运动情况,对其加以补偿后再进行帧间预测,提高预测的准确性。运动向量的估算有以下几种方法:

块匹配算法:将图像分割成若干个块,通过当前帧的某一个子块与前一次传送的该子块之间相关函数最小,来确定当前帧的该子块是由前一次传送的图像帧中的该子块经过多少平移获得,从而将前一次传送的图像帧作相应的平移,获得当前的图像帧。

梯度法:根据图像的时间梯度(帧间差)与空间梯度来求运动向量,然后利用这一运动向量得到被预测效果。

2. 正交变换方法

一般图像的能量基本集中在低频部分,因此将图像信号通过傅里叶变换成 Z 变换等变换到频阈后,只要对频阈空间量化器进行非均匀比特分配,即对高能量区分配较多的比特数,低能量区分配较少的比特数,就可以获得较高的压缩比。

尽管理论上可以证明,*K-L* 变换是最小失真正交变换,但这种变换没有快速算法,因而在实际应用中难于实现。目前广泛应用的是编码能力仅次于 *K-L* 变换,且具有快速傅里叶变换、代数分解及矩阵分解等多种快速算法的 DCT(Discrete Cosine Transform,离散余弦变换)法。

对于人头像类型的图像,一个 8×8 子图像的 DCT 比特分配表如图 6-7 所示。图像码率为 0.75bit/Pel(像素),此时压缩比为 $8/0.75 = 10.7$。

8	4	3	2	2	2	0	0
4	3	3	2	2	0	0	0
3	2	2	3	0	0	0	0
2	2	2	0	0	0	0	0
2	0	0	0	0	0	0	0
0	0	0	0	0	0	0	0
0	0	0	0	0	0	0	0
0	0	0	0	0	0	0	0

图 6-7 8×8 DCT 比特分配表

正交变换编码对信道误码较不敏

感。但缺点是会产生"方块效应",可采用适当的重叠正交变换,来克服此缺点而又不增加比特数。

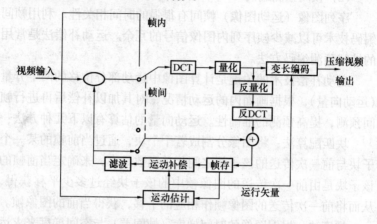

图 6-8　混合编码法

3. 空间-时间阈变换

这就是预测编码与变换相结合的混合编码方法。其框图示于图 6-8 中。编码时,首先对图像内容进行判断,若前后帧很相似,则编码器进行帧间预测(结合运动补偿),消除时间冗余。再对所得预测误差进行二维离散余弦变换(ZD-DCT),以消除空间冗余;若前后两帧图像相差较大,则对每帧进行帧内 DCT,即把图像每一个 8×8 子块数据进行 DCT。对上述两种情况所得的 DCT 系数进行量化,然后对量化值进行二维行程编码。

以上几种都是有损压缩编码。重建后的图像与原始图像之间存在有误差,只是这一误差是人眼不会察觉或者即使察觉也可以容忍的。

4. 算术编码

算术编码的基本原理是:信息用 0 到 1 之间的实数进行编码。事实上,是用 0 到 1 之间的一个间隔(范围)来表示被处理信息中的一个字符。这个间隔的大小(即编码间隔)取决于信息符号的概率。信息中的符号越多,编码表示它的间隔就越小,表示这一间隔所需的二进制位数就越多。信息源中连续的符号,根据某一模式生成概率的大小来减小范围，出现概率大的符号比出现概率小的符号减小的范围少。

5. 模型基图像序列编码

模型基图像序列编码方法见图 6-9。在发送端，图像分析模块利用已知的模型分析输入图像，提取图像紧凑和必要的描述信息，得到一些数据量不大的模型参数。比如在可视电话中，图像的主体是人脸，利用脸部形状信息、表情信息等知识就可以来描述人脸图像。当已知人脸的三维模型时，只需发送脸部的运动参数（如头部的旋转、位移及描述脸部表情的参数）。在接收端，通过同样的脸部三维模型，利用传送过来的被估计和量化后的脸部运动参数，就能重建"原来"的图像。重建的图像可以十分逼真。由于考虑到人脸的结构是已知的，即人脸图像存在有知识冗余，因此在传输信息时，只需将数据量不大的参数值进行传输，就能保证具有逼真效果的图像的重建，数据压缩比得到了很大的提高。

6. 分形图像压缩

分形图像编码利用图像中一些重要特征，诸如直边缘和平坦区域都是缩放变换时不变化的量等，通过粗尺度（Coarse Scale）图像特征逼近精细图像特征。分形编码器对图像中较大块进行求均值及子采样，然后完成等比例变换（如弯曲、旋转、缩放、平移等），得到相应的码簿。对于直边

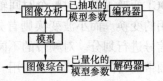

图 6-9 模型基图像编码的基本框图

缘和平坦区域等具有缩放不变性的图形块，用这种码簿来控制编码极为有效。对应每一个图像块有一个压缩变换，所有这些变换组合起来，它们的不动点就是原来图像的近似表示。只要有效地保存这些变换的参数，就完成了对图像的压缩。图 6-10 表示了图像块的变换过程。首先对左边图像中的远块进行求均值及子抽样，然后旋转，最后修改对比度，再平移到目标图像块上。由于

自然图像并不是严格地相似的，因此分形图像编码方法是一种有损压缩方法。分形压缩方法的主要难点是：确定压缩变换及确定可变频率有效地用于图像编码的码簿。

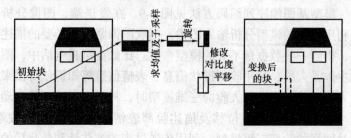

图 6-10 分形压缩中图像块的变换

7. 小波变换编码

从前面的介绍，我们已经知道，由于图像信号的能量主要集中在低频端，因此利用傅里叶变换或 DCT 变换，将图像信号变换到频阈，再进行编码，能够减少数据量，实现数据压缩，而由此引发的问题则是由于高频分量的丢弃，导致重建的图像产生"边缘"效应，图像边界变得模糊不清。众所周知，傅里叶变换、DCT 变换等都是对整个时间轴进行处理的时间信息完全没有被利用的变换。而小波变换则首先用如图 6-11 所示时频窗口对图像信号进行划分。对频带的不同部分可以用不同的窗宽来分析，使频带的时间信息得到了利用。

对低频信号，用宽时间—窄频率窗小波，具有高的频率分辨率，而对高频信号则用窄时间—宽频率窗小波，具有高的时间分辨率。从图 6-11 中可见，由于小波分析对高频分量采用逐渐精细的时阈取样步长，因此可以对图像边缘等细节进行高效编码。另外，小波变换是一种全局变换，从而避免了"方块效应"。

图 6-11 小波变换的时频窗示意图

对小波变换后得到的变换阈的系数进行量化加权,与人眼的视觉特性相结合,就能在保证一定图像质量的前提下,大大提高压缩比。实践证明,小波变换是一种有效的和实用的压缩编码方法,数据压缩比高,发展潜力极大。

三、图像数据压缩的国际标准

目前,图像压缩标准化工作主要由国际标准化组织 ISO (International Standards Organization) 和国际电联 (ITU-T) 在进行。对静止彩色图像,ISO 有 JPEG 标准,ITU-T 有 T.81 标准;对于不同速率的彩色视频图像,ISO 有 MPEG-1 和 MPEG-2 标准,ITU-T 有 PX64kb/s 的 H.261 标准;对于用于多媒体通信的极低码率的图像编码,ISO 有 MPEG-4 和 MPEG-7 标准,ITU-T 有 H.263、H.264 标准。

1. 静止图像压缩标准 JPEG

静止图像压缩编码在彩色传真、电话会议、卫星图片、图像文献资料、医疗图像及新闻图片等的传输与保存中有着广泛的应用。ISO 和 ITU-T 于 1986 年成立了联合专家组 JPEG (Joint Photographic Experts Group),致力于国际标准化方案的制定工作。1991 年推出了连续色调(彩色)静止图像压缩标准。JPEG 是一个适用范围很广的静态图像数据压缩标准,既可用于灰度图像又可用于彩色图像。

JPEG 标准有两种基本的压缩算法。一种是有损压缩算法,先用 8×8 像素的离散余弦变换(DCT)进行标量量化顺序编码,然后用哈夫曼编码(基本系统)或算术编码(增强系统)进行压缩。另一种是无损压缩算法,采用帧内预测编码及哈夫曼编码,可保证重建图像与原始图像数据完全相同。使用有损压缩算法时,在压缩比为 25:1 的情况下,重建图像与原始图像的差别很小,只有图像专家才能发现。因此在 VCD 和 DVD-Video 电视图像压缩等众多方面被用来取消空间方向上的冗余数据。

JPEG 具有 4 种运行模式:

(1) 顺序编码：从上到下，从左到右扫描信号，为每个图像元素编码。

(2) 累进编码：使图像经过多重扫描进行编码，可连续观察图像形成的细节，对图像建立过程进行监视。

(3) 分层编码：按多种分辨率进行图像编码，低分辨率图像应在高分辨率的图像之前进行处理。

(4) 无损编码：能精确地恢复图像。

JPEG算法框图见图6-12。

JPEG压缩编码算法的主要计算步骤为：

(1) 正向离散余弦变换FDCT（Forward Discrete Cosine Transform）：对于每个单独的彩色图像分量，把整个分量图像分成8×8的图像块，通过DCT变换，把能量集中在少数几个系数上。

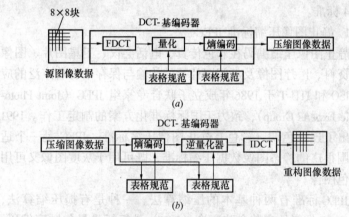

图6-12 JPEG编解码系统框图
(a) DCT基压缩编码步骤；(b) DCT基解压缩步骤

(2) 量化：对经过FDCT变换后的频率系数进行量化。量化是图像质量下降的最主要原因。由于人眼对亮度信号比色度信号更敏感，因此应使用不同的量化间隔。

(3) Z字形编码（Zigzag）：量化后的DCT系数按照如图6-13所示形式编排，以增加连续的"0"系数的个数，即"0"的行程长度。

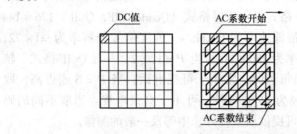

图 6-13 量化 DCT 系数的编排

(4) 使用差分脉冲编码调制 (DPCM) 对直流系数 (DC) 进行编码。

(5) 使用可选长度编码 (Run-Length Encoding, RLE) 对交流系数 (AC) 进行编码。

(6) 熵编码 (Entropy Coding): 采用哈夫曼编码。

除了上面讨论的图像编码标准之外,视频压缩标准是另一类应用非常广泛的标准。根据质量不同,视频可大致分为:低质量视频、中等质量视频和高质量视频。针对这 3 种视频,制定了相应的视频压缩标准 H.261、MPEG 系列标准。

2. H.261 标准

(1) ITU-T 于 1988 年提出电视电话/会议电视的 H.261 建议,也称为 PX64kbit/s 视频编码解码标准。标准中 P 为一个可变参数,当 $P=1$ 或 2 时适用于桌面电视电话,当 $P=6\sim30$ 时,支持通用中间格式,每秒帧数较高的电视会议。

(2) H.261 适合于各种实时视觉应用,H.261 视频压缩算法采用的是 8×8 DCT 和带有运动预测的 16×16 DPCM 相结合的混合编码方案。DCT 用于帧内编码,DPCM 是对当前宏块与该宏块预测值的误差进行编码。H.261 标准的编码框图见图 6-14。

(3) H.261 的图像有两种格式:一是通用中介格式 (Common Intermediate Format, CIF) 这种格式为 $352\times288\times29.7$,即每行 352 个像素,288 行,帧频为 29.7 帧每秒,色度最低速率为

320kbit/s，色度信号分辨率为 180×144，亮度信号分辨率为 360×228；另一个格式是 1/4 屏格式（Quarter CIF，QCIF）176×144×29.7，色度最低速率为 64kbit/s，色度信号分辨率为 90×72，亮度信号分辨率为 180×114。当 $P=1$ 或 2，并且 QCIF 格式、帧频为 10~15 帧每秒时，常用于可视电话；当 $P=6$ 或更高，取 CIF 格式，帧频为 15 帧每秒，可用于会议电视。当取不同的码率时，该标准可提供质量良好、中等及一般的图像。

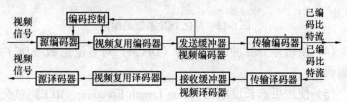

图 6-14　H.261 编解码框图

另外，作为第一个国际视频压缩标准，其许多技术（包括视频数据纠错等）都被后来的 MPEG-1、MPEG-2 所借鉴和采用。

3. MPEG-1 标准

（1）MPEG 是活动图像专家组（Moving Picture Expert Group）的简称，成立于 1988 年，是 ISO/IEC 信息技术联合委员会下的一个专家组。主要任务是制定活动及相应语音的压缩编码标准。"用于高至 1.5Mbit/s 的数字存储媒体的活动图像和相应的音频编码"，即 MPEG-1 标准，于 1991 年 11 月正式公布。这个标准主要是针对当时的 CD-ROM 和网络开发的，用于在 CD-ROM 上存储数字影视和在网络上传输数字影视。

该标准包括 MPEG 系统、MPEG 视频和 MPEG 音频三部分。MPEG-1 视频部分采用了与 H.261 类似的通用编码方法，即采用帧间 DPCM 和帧内 DCT 相结合的编码方法，如图 6-15 所示。

（2）MPEG-1 系统将压缩后的视频、音频及其他辅助数据划分为一个个 188 字节长的分组，以适应不同的传输或存储方式。在每个分组的字头设置时间标志，为解码提供"图声同步"。

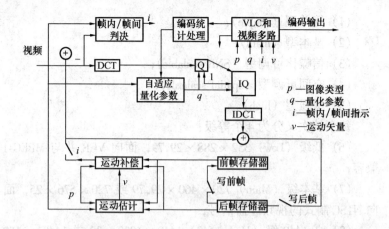

图 6-15 通用的活动图像典型编码器框图

MPEG-1 的音频部分规定了高质量音频编解码方法。基本编码方法是子带编码，采样速率有 32kHz、44.1kHz 及 48kHz 三种。MPEG-1 的图像及声音质量基本上达到或略有超过 VHS 的水平，码率不超过 1.5Mbit/s。

（3）MPEG-1 不仅极大地推动了 VCD 的发展和普及，还用于通信和广播。其压缩数据能以文件的形式传送、管理和接收。例如视频电子邮件、视频数据库等，通过视频服务器和多媒体通信网，客户能访问视频服务器中的视频信息。

4. MPEG-2 标准

1993 年 11 月正式公布了 MPEG-2 标准，这是一个直接与数字电视广播有关的高质量图像和声音的编码标准。MPEG-2 也包括 MPEG-2 系统、MPEG-2 视频、MPEG-2 声音等几部分。MPEG-2 和 MPEG-1 的基本编码算法相同，但增加了许多新功能，如隔行扫描电视编码、支持可调节性编码，因而取得了更好的压缩效率和图像质量。MPEG-2 要达到的最基本目标是：位率为 4~9 Mbit/s，最高可达到 15Mbit/s。

为了适应不同应用的要求，并保证数据的可交换性，MPEG-2 视频定义了 5 个不同的功能档次，依功能增强顺序为：

(1) 简单型（simple）；
(2) 基本型（main）；
(3) 信噪比可调型（SNR scalable）；
(4) 空间可调型（spatial scalable）；
(5) 增强型（high）。

每个档次又分为4个等级：

(6) 低级（Low）352×288×29.79，面向 VCR 并与 MPEG-1 兼容；

(7) 基本级（Main）720×460×29.79 或 720×576×25，面向 NTSC 制式的视频广播信号；

(8) 高 1440 级（High-1440）1440×1080×30 或 1440×1152×25，面向 HDTV。

(9) 高级（High）1920×1080×30 或 1920×1152×25，面向 HDTV。

MPEG-2 音频与 MPEG-1 音频兼容，可以是 5.1 也可以是 7.1 通道的环绕立体声。

MPEG-2 适用于更广泛的领域，主要包括数字存储媒体、广播电视和通信。如普通电视和高清晰度电视、广播卫星服务、有线电视、家庭影院及多媒体通信等。

5. H.263 标准

H.263 是 ITU-T 为低比特率应用而特定的视频压缩标准。这些应用包括在 PSTN（公共电话网）上实现可视电话或会议电视等。H.263 标准采用的图像格式为 QCIF 或 subQCIF（128×96）。为了降低码率，H.263 以 H.261 的压缩算法为基础，增加了双向预测，运动矢量的估计和运动补偿都精确到半个像素等等。

6. H.264（MPEG-4）

(1) MPEG-4 是为视听数据的编码和交互播放而开发的，是一个速率很低的多媒体通信标准，MPEG-4 的目标是在异构网络环境下工作，并具有很强的交互功能。

(2) MPEG-4 采用了分形编码、基于模型编码，合成对象/自然对象混合编码等新编码方法，在实现交互功能和对象重构中引入了组合、合成和编排等重要概念。

(3) MPEG-4可用于移动通信和公用电话交换网，支持可视电话、视频邮件、电子报纸和其他低数据传输速率场合下的应用。

7. DivX, Xvid

微软开发了包括 MS MPEG4V1、MS MPEG4V2、MS MPEG4V3 的 MPEG4 系列编码内核。其中前面两种都可以用来制作 AVI 文件，但编码质量不太好，MS MPEG4V3 的画面质量有了显著的进步。这个视频编码内核 MS MPEG4V3 被封闭在 Windows Media 流媒体技术，也就是不可被再编辑的 ASF 文件之中，不再能用于 AVI 文件。很快有小组修改了 MS MPEG4V3，解除了不能用于 AVI 文件的限制，并开放了其中一些压缩参数，于是诞生了 MPEG4 编解码器 DivX3.11。

DivX 广泛流行，却无法进行更广泛的产品化，更无法生产硬件播放机。在这种情况下，一些精通视频编码的程序员（包括原 DivX 3.11 的开发者）成立了一家名为 DivX Networks lnc. 的公司，简称 DXN。DXN 发起一个开放源码项目 Project Mayo，目标是开发一套开放源码的、完全符合 ISO MPEG4 标准的 OpenDivX 编码器和解码器。以后又开发出更高性能的编码器 EnCore2 等。Projeet Mayo 虽然是开放源码，但不是依据 GPL（通用公共许可证，一种开放源码项目中常用的保障自由使用和修改的软件或源码的协议）。2001 年 7 月，Encore2 基本成型，DXN 封闭了源码，发布了 DivX4。DivX4 的基础就是 OpenDivX 中的 Encore2。由于 DXN 不再参与，Proiect Mayo 陷于停顿，Encore2 的源码也被撤下。最后，DXN 承认 Encore2 在法律上是开放的，但仍然拒绝把它放回服务器。

OpenDivX 尚不能实际使用，而 DivX 4（以及后续的收费版本——DivX 5）等等都成了私有财产。一些开发者在最后一个 OpenDivX 版本的基础上，发展出了 XviD。Xvid 重写了所有代码，并吸取前车之鉴依照 GPL 发布。不过，因为 MPEG4 还存在专利权的问题，所以 Xvid 只能仿照 LAME 的做法，仅仅作为对如何实现 ISO MPEG-4 标准的一种研究交流，网站上只提供源码，如果要使用就要自己编译源码或者到第三方网站下载编译好的可运行版本。

8. MPEG-7 多媒体内容描述接口

MPEG-7 的工作于 1996 年启动，名称为多媒体内容描述接口（Multimedia Content Description Interface），目的是制定一套描述符标准，用来描述各种类别的多媒体信息它们之间的关系，以便更有效地检索信息。这些媒体材料包括静态图像、3D 模型、声音、电视及其在多媒体演示中的组合关系。

MPEG-7 的应用领域包括数字图书馆、多媒体目录服务、广播媒体的选择、多媒体编辑等。

9. AVS

为适应中国信息产业发展的需要，2002 年成立了中国音视频标准化工作组，负责制定中国自己的音视频编码标准，称为 AVS。内容包括系统、视频、音频、数字版权保护、文件格式、标准的一致性、参考软件等多个部分。目前，其第二部分：视频，已经获准成为国家标准。AVS 视频部分的特点是高效，低复杂度，其系统级和 MPEG2 兼容，许可费比较低。AVS 的编码效率比 MPEG2 高两倍，接近于 H.264。

第四节 多媒体通信网络

由于信息媒体的多样化，有助于信息的表现和交流，如可视电话、视频邮件等，因此传统的、以声音为主要传输对象的通信，已不能满足人们的需求，多媒体信息传输的需求与日剧增。多媒体通信以及为多媒体信息提供传输环境的多媒体通信网的研究成为当今现代通信领域的一大热点，同时也是拥有巨人潜力和商机的新的通信业务。为了对多媒体信息进行有效的传输，提供高质量的多媒体业务，建立一个全新的、与多媒体数据相匹配的多媒体通信网是最理想的选择。但在现有条件下，充分利用现有网络开发多媒体业务确实是一个能快速见效的好方法。

目前绝大多数的多媒体业务都是在现有的各种网络上运行的，但为了适应多媒体通信的要求，必须对现有的网络进行改造和重组。现有的通信网络大致可分为3类：

电信网络：包括公用电话网（PSTN）、公共分组交换网（Public Packet Switched Network，PPSN）、数字数据网（Digital Data Network，DDN）、窄带和宽带综合业务数字网（N-ISDN 和 B-ISDN）等；

计算机网络：包括局域网（LAN）、广域网（WAN）等；

广播电视传播网：包括有线电视网（CATV）、混合光纤同轴网（HFC）、卫星电视网等。

上述网络大多可以传输特定的多媒体信息，提供一定的多媒体业务，但各自都不同程度存在着各种缺陷。相比而言，采用了新的网络结构和网络存取方式的宽带综合业务数字网及异步传输模式（ATM）是目前最适合多媒体信息传输的一种网络。

一、多媒体通信对通信网的要求

1. 多媒体数据的特点

与传统通信网传输的信息（如单一的语音、单一的文本、数据等）相比，多媒体信息有着显著的不同，可以概括为这样几个特点：

（1）类型多：多媒体信息的类型包括多种形式，即使同一种信息类型，其速率、时延以及误码率等又有着不同的要求。因此，多媒体通信系统必须采用多种形式的编码器、多种传输媒体接口以及多种显示方式，并能和多种存储媒体进行信息交换。

（2）码率可变：多种传输信息要求多种传输码率。例如，低速数据的码率仅为几百比特每秒，而活动图像的传输码率则高达几十兆比特每秒。由此可见，多媒体通信码率必须可变。

各种媒体所需的传输码率见表 6-1。

常见媒体的码率　　　　　　　　　表 6-1

媒　　体	传输码率	压缩后码率	突发性峰值/平均峰值
数据、文本、静止图像	155bit/s ~ 12Gbit/s	< 1.2Gbit/s	3 ~ 1000
语言、音频	64kbit/s ~ 1.536Mbit/s	16 ~ 384kbit/s	1 ~ 3
视频、动态图像	3 ~ 166Mbit/s	56kbit/s ~ 35Mbit/s	1 ~ 10
HDTV	1Gbit/s	20Mbit/s	

(3) 时延可变：压缩后的语音信号时延较小，压缩后的图像信号时延较大，由此产生的时延可变导致多媒体通信中不同类型媒体的同步问题。

(4) 连续性和突发性：多媒体通信系统在传输运动图像时是实时的、连续的、突发的数据率高，而在传输数据信息时则是突发的、离散的、非实时的。

(5) 数据量大：多媒体通信系统要求存储量大的数据库、高传输速率的通信网络。经 MPEG-2 标准压缩后的一部故事片（片长 2 小时左右）在平均码率 3Mbit/s 时，约需 3Gbit/s 的存储量，而要传输未经压缩的 HDTV 信号，传输速率将高达 1Gbit/s。

2. 多媒体通信网的特点

由于多媒体数据具有上述特点，因此数字化多媒体信息的传输通常对底层网络有许多要求。在多媒体通信系统中，网络上传输的是多种媒体综合而成的一种复杂的数据流，而且每种媒体数据的速率差别很大。这就要求网络不仅具有高速传输信息的能力，还要具有对各种信息的高效综合能力，主要表现在。

(1) 带宽要求：不同的多媒体通信业务提供服务的质量不同，则其所要求的带宽也有所不同，通常高带宽意味着高质量，但高带宽也必然带来高成本和高代价，因此各项多媒体业务根据要求应采取带宽和质量的折中方案。虽然不同媒体对不同通信网的速度要求不同，运动图像很高，文本则可以比较低，但任何多媒体应用都要涉及两种以上的媒体，而且往往以图像数据为核心。因此网络至少要能满足压缩图像传输的要求。

(2) 实时性和可靠性要求：在多媒体通信中，为了获得真实的临场感，一般对实时性的要求都很高，即要求传输时延越小越好。语音和图像可以接受的时延小于 0.1s，而静止图像要求小于 1s。传输时延的大小由媒体数据的编解码、图像传输速率及通信协议等几方面产生。比如采用不同信息交换方式的网络产生的时延是不同的。电路交换所产生的时延比分组交换少。在分组交换中，组与组之间的时延小于 10ms，图像才有连续感。另一方面，为了适应通信网的传输速率的限制，在网上传输的都是经过数据压缩后的信息，接收端只有在收到与发送端送出信息完全一致的情况下，才能重建原始的媒体信息，当然重建的图像或声音存在着由数据压缩而引起的难以察觉的信息容易失真。但如果信息在传输过程中产生了较多的误码，将使重建的媒体信息产生较大误差。因此为了获得高的可靠性，多媒体通信对网络的误码性能的要求也很高。压缩图像的误码率应小于 10^{-6}，数据的误码率要求为 0。

(3) 时空约束：多媒体中的各种媒体在显示时呈现一种时空约束状态，即它们之间在时间和空间上是相互约束、相互关联的。多媒体通信系统必须能正确反映它们之间的这种约束关系。多媒体信息在进入网络传输前要经过压缩编码及复合等一系列处理，生成一数据流，在网络中串行传输。在接收端必须采取延时同步的方法进行再合成。包括时间合成、空间合成以及时空同步等三个方面。时间合成将在时间轴上统一原来属于同一时间轴上各类媒体的时序，使其能在时间上正确表现。比如一般电视信号，包含图像及其背景音乐。在传输时，将图像数据和声音数据复合成一个数据流顺序传送，到达接收端后，要将图像数据和声音数据分离开，分别解码，分别重建原来的图像和声音。但由于图像的数据量大，因此图像重建的时延与声音不同。为了恢复原来的电视信号，必须对重建的图像信号和声音信号进行同步处理,恢复其时间对应关系(及画面与音乐的对应关系)。空间合成则是在空间上重建媒体的排放位置,最后使时间和空间统一成正确的表现。通过时间上的合成及空间上的合成,达到多媒体的时空一致的目的。在目前的多媒体业务中,主要还是时间同步问题。

(4) 分布处理要求:由于目前没有专门的多媒体通信网,多媒体业务是在现有的众多网络(如电话网、计算机网、广播电视网等)上实现的,因此存在各种媒体信息如何在分布式环境下运行,如何通过分布环境解决多点多人合作,如何提供远程多媒体服务等一系列问题。这些问题是多媒体通信必须面对并加以解决的问题。

除了上述问题以外,现有的通信网络的协议主要是针对数据传输制定的,在很多方面并不适合声音、图像信息的传输。其次,协议层次过多,额外增加了传输开销(如时延),影响了传输效率。再者,这些网络对由声音或图像传输的突发性而引起的网络拥挤的现象不能有效排除。所有这些表明,尽管现有的通信网络能够或多或少地提供多媒体业务,但多媒体信息(主要是声音和图像)严格的实时性和同步性要求使得利用现有通信网络实现多媒体信息的实时传输难度很大。研究多媒体信息传输的网络体系结构,建设多媒体通信网络是非常必要的。

二、现有网络对多媒体通信的支持

从总体上说,一个真正能为各种媒体信息服务的通信网络必须满足以下性能要求:

(1) 数据传输速率大于 100Mbit/s;
(2) 连接时间从秒级到小时级;
(3) 语音、数据图像、视频信息的检索服务;
(4) 用户参与控制和无用户参与控制的分布服务;
(5) 传输媒体改变时,使网络状态随之变化的网络控制能力;

(6) 适应不同数据流的网络交换方式。

1. 公共电话交换网（PSTN）

公共电话交换网 PSTN（Public Switched Telephone Network）是普及率最高、覆盖范围最广的通信网。在我国广大的城市和部分农村都建立了 PSTN。PSTN 由传输线路、交换机和用户终端组成，如图 6-16 所示。其基本结构有星型网、网状网、树状网及复合网多种。电话网一般由若干级交换中心组成自动交换网，再通过端后连接到用户。电话接续方式为电路交换，即通过呼叫，在收、发端之间建立起一个独占的物

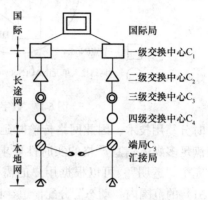

图 6-16　PSTN 示意图

理通道，该通道有固定的带宽（3.1kHz），由于路由固定，所以延时较低，且不存在延时抖动问题，有利于保证连续媒体的同步和实时传输。PSTN 的主要缺点是信道带宽较窄，主要用于模拟语音信号的传输，多媒体信息经调制解调器（Modem）将二进制数据调制成模拟信号也可在 PSTN 中传输。目前正在使用的电话交换网的数据传输速率可达 14.4kbit/s 或更高达 28.8kbit/s。此时，PSTN 不仅可用于通话和传真，还可以提供低速多媒体业务，低质量的可视电话和多媒体会议。若要实现多点连接，网上需要加多点控制器（MCU）。

2. 数字数据网（DDN）

数字数据网（DDN-Digital Data Network）是利用数字信道提供半永久性连接电路传输数据信号的数字传输网络。其组成如图 6-17 所示，包括网络节点、网络接入单元和用户设备。

DDN 网络传输质量高、信道利用率高、信息传输速率高（最高传输率为 150Mbit/s），网络采用同步转移方式工作，使用

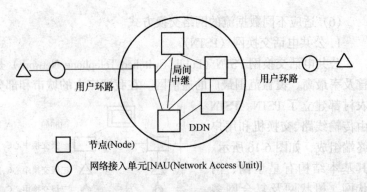

节点(Node)
网络接入单元[NAU(Network Access Unit)]

图 6-17 数字数据网

时分复用技术，因此网络传输时延小（平均时延 ≤450μs，可以满足多媒体信息严格的实时性要求。DDN 传输通道对用户数据完全"透明"，可以根据用户的需要，在 NX64 kbit/s（N = 1 ~ 31）的范围内"动态"分配信道，比如相对固定的两点间或多点间数据通信业务量大，传输信息所需带宽大于 64kbit/s 时，可设置专用数据传输通道和信道带宽。

通常 DDN 采用光纤传输手段，可以保证较高的传输质量，具有较高的传输可靠性。网络运行管理简便，允许用户部分地参与网络管理。网络对数据终端设备的数据传输速率没有特殊的要求，从 45.5 ~ 1984kbit/s 的数据终端都可以入网使用。因此 DDN 网络能够满足多媒体信息实时传输的要求。但是，无论开放点对点，还是点对多点的通信，都需要网管中心来建立和释放连接，这就限制了它的服务对象必须是大型用户。

3. 以太网（Ethernet）

以太网作为一种典型的局域网，占全国局域网的 90%。以太网典型的拓扑结构为总线方式，以适应现有电话网的结构方式，其连接如图 6-18 所示。

工作站和服务器通过网络适配器与以太网相连。网上的工作站作为网络的一般用户相互通信并共享网络资源。以太网采用 CSMA/CD 协议（冲突检测载波监听多重访问协议），实时性较

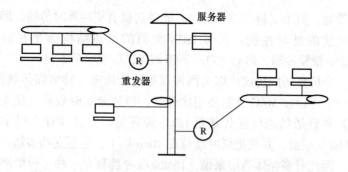

图 6-18 以太网结构

差,无优先权控制,但具有多站点传播功能。以太网的传输速率为 10Mbit/s,最大站间距离 1500m。网络覆盖范围可以通过中继器进行扩展。由此可见,普通的以太网有传输速率网、树状网及复合网多种。电话网一般由若干级交换中心组成自动交换网,再通过端局连接到用户。电话接续方式为电路交换,即通过呼叫,在收、发端之间建立起一个独占的物理通道,该通道有固定的带宽(3.1kHz),由于路由固定,传播范围有限,只能满足静态媒体传输要求。

目前由两种获得 IEEE802.12 委员会认证的技术产品 100BASE-T、100Base-VGany LAN 可以很方便地将以太网的传输速率提高到 100Mbit/s,使以太网成为高速局域网,从而较好地满足多媒体通信的要求。

100BASE-T(快速以太网)的数据率为 100Mbit/s,支持多站点传输,与以太网帧兼容,采用相同的 CSMA/CD 访问协议。100BASE-T 为大型多媒体流提供了足够大的吞吐能力,但它不能保证延时范围。尤其是当交通拥挤时,网上任何站点都可以破坏多媒体流。

等时以太网(1so-Ethernet)是以太网的一种变体,被推荐作为 IEEE 802.9a 集成语音数据的 LAN 标准,使用一条非屏蔽双绞电缆线提供类似 ISDN 等时信道,在非标准 10Mbit/s 以太信道的基础上再提供 96 个等时 B 信道(64kbit/s)。等时以太网相对限制带宽，但不支持多站点传送，能够提供真正的等时传输，即提供最优的延时性能。它与 ISDN 类似的信道结构满足音频或 H.261 视频传输，但对 MPEG 码流而言，带宽容量不足。

令牌环访问协议比以太网协议更适合用来支持多媒体数据，因为它可以在 MAC 层上使用优先级，以区分实时数据（优先级高）和普通数据（优先级低）。令牌环可以支持 100 个以上的 64kbit/s 信道，并且把延时维持在 10ms 以下，它还支持多站点传输。因此对多媒体通信来说，16Mbit/s 令牌环是一种可行的网络配置。

100Mbit/s 需求优先 LAN 标准，100Base-VGany LAN 是标准以太网和令牌环在 100Mbit/s 的语言级电缆（VG：3 类 UTP）上的一种拓广。100Base-VGanyLAN 使用基于循环（Round-robin）访问控制方案的帧转发方式，访问控制由网络自动管理。100 Base-Vgany LAN 不会因访问延时而降低带宽使用率，可以通过带宽管理器来限制访问，能够保证把访问延时控制在 10ms 以下。它支持多站点传送方式。因此需求优先是一种可行的多媒体通信方案，尤其适用于少站点的拓扑结构。

4. 光纤分布式数据接口（FDDI）网络

FDDI 实际上是以光纤为传输媒介的、速率为 100Mbit/s 的令牌环局域网的 ANSI 标准。而 FDDI 网络是目前惟一具有统一标准的高速网络。它能用作高速局域网（HSLN）或 MAN，最大传输距离达 100km，可连接多达 500 个设备。它能作为 HSLN 在小范围内互联高速计算机的系统，或作为 MAN 互联较小的网络，还能桥接局域网和广域网，即作为主干网使用。FDDI 的结构如图 6-19 所示。FDDI 具有动态分配带宽的能力，可同时提供同步和异步数据服务，能够以标准广播 LAN 方式支持多站点传输。因此 FDDI 可以很好地支持多媒体通信。FDDI-2 是 FDDI 的加强型，采用分槽环协议，更适合实时传输，增加了等时应用能力，可把延时控制在 ms 范围内。其 100Mbit/s 带宽可分为不超过 16 个等时 6.144Mbit/s 的宽带通道和异步 FDDI 信道，异步和同步信道带宽的分配是动态的。FDDI-2 能够支持数据、语音及影像视频等多媒体信息的传输，支持多站点传输。

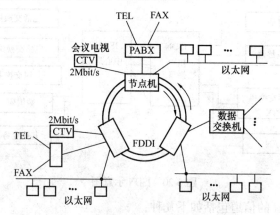

图 6-19　FDDI 结构示意图

5．帧中继网络（FR）

帧中继是一种简化的帧交换模式，是在分组技术充分发展，数字光纤传输线路逐渐替代已有的模拟线路，用户终端日益智能化的条件下诞生和发展起来的。帧中继仅完成 OSI 物理层和核心的功能，将流量控制、纠错等留给智能终端完成；同时采用虚电路技术，充分利用网络资源。因而帧中继网具有吞吐量高，时延低，网络资源利用率高，可靠性高，灵活性强，对中高速、突发性强的多媒体业务极具吸引力，从长远看，利用 ATM 构造宽带多媒体骨干网，利用 FR 作为多媒体用户接入方式是经济有效的方案。在当前 LAN 迅速发展以及帧中继网不断完善的情况下，帧中继网将是开放会议电视业务的 LAN 远程互联的一种优选技术。

6．综合业务数字网（ISDN）

ISDN（Integrated Services Digital Network）是从电话综合数字网（IDN）发展而来的，其主要特点是提供端点到端点的数字连接环境。ISDN 可以广泛地支持语音、传真、可视电话、会议电视等多种业务,用户能够通过一种标准的、多用途的接口进入ISDN。ISDN示意图如图6-20所示。

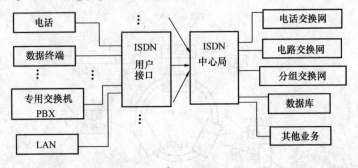

图6-20 ISDN示意图

ISDN的信道包括如下几种:
(1) B通道:64kbit/s;
(2) D通道:16kbit/s;
(3) C通道:8或16kbit/s;
(4) A通道:4kHz模拟信号。

在ISDN中,规定用户与网络有两种接口结构:基本速率接口和一次群速率接口。基本速率接口(BRI)也被称为2B+D接口,每一个B通道是一个64kbit/s全复用信道,一个用于传输语音,另一个用于传输文字和图像信息,D通道则用于包交换数据业务和带外信令,其带宽为16kbit/s。若两个B通道合在一起使用则可获得更好的图像,其中112kbit/s用来传输图像,而剩下的16kbit/s用于传输语音。一次群速率接口(PRI)也称为主业务接口。中国及欧洲采用2.048Mbit/s(E-1),接口通道结构为30B+D;美国、日本、加拿大则采用1.554Mbit/s(T-1),信道结构为23B+D,此时D通道为64kbit/s。这种接口可以连接PBX或LAN。ISDN使用带外信令系统,基于独立的D信道传输的数据消息。这些消息直接从用户设备到交换机,并利用部分消息产生操作或者转发给网络中其他的交换机。这种信令方式有很多优点,主要是呼叫的快速建立,在话音/传真/数据传输期间没有中断,并支持一些高级功能,如呼叫等待、呼叫传输、三方会议等。

由于 ISDN 具有等实时的、高达 2Mbit/s 的信道带宽,因此,ISDN 可以实现一定程度的多媒体通信。但 ISDN 不支持网络内的任何多站点功能,需要使用名为"多站点控制单元(MCU)"的特定设备来建立多点会议或分送服务。另外,其信道带宽仍较窄,为此出现了宽带综合业务数字网(BISDN)。

7. BISDN 和 ATM

(1) BISDN

虽然现有的各种通信网络都可在不同程度上支持多媒体通信,但最理想、跨世纪的多媒体通信网将是宽带综合业务数字网 BISDN(Broadband Integrated Services Digital Network)。在 BISDN 中,所有信息(包括语音、图像等)都转换为数字信号,综合在一起进行传输和交换,高达 Gbit/s 级的传输速率将满足大量宽带数字电视信号传输的要求。为了提高网络的传输速率,BISDN 采用光纤作为传输介质,同时采用 ATM(异步传输模式)交换机。与 ISDN 相比,BISDN 具有以下特点:

1) 采用 ITU-T 建议的 SDN(同步数字序列)等级标准所用的传输速率,分别为 155.52Mbit/s、622.8Mbit/s、2488.32Mbit/s、10Gbit/s,具有大容量、宽带业务特性。

2) 可以支持概述中所介绍的各种业务。

3) 支持各种传输速率的用户,包括固定速率的用户和可变速率的用户。为用户提供了宽带接口和窄带接口,这样可使 ISDN 的业务与 BISDN 连接。

4) 采用了多种新技术,包括高速分组交换、高速电路交换、光交换和 ATM 交换技术,使网络达到高性能。

5) ATM 技术为 BISDN 提供了信道带宽的动态分配能力,同时使 BISDN 传输延迟小,信息受损低,非常有利于多媒体信息的传输。

总之,BISDN 是目前最佳的多媒体通信网,随着 BISDN 的普及,多媒体通信的业务种类也将越来越多,为人们的工作和生活带来极大的便利。

(2) ATM 技术

ATM(Asynchronous Transfer Mode)是继 X.25 分组交换技术、FR(Frame Relay 帧中继)交换技术之后的第三代高速分组交换技术。在 ATM 中,信息以信元形式进行组织,信元长度固定。每个信元的长度为 53 个字节,其中 5 个字节作为信头,其余 48 个字节是信息段,如图 6-21 所示。信息段的内容可以是多种媒体数据,便于实现数据、语音、图像的综合传输:ATM 不要求信元按周期出现,即第一周期,该信元载有音频信息,而第二个周期,该信元不仅可以是音频信息,还可以是其他任何信息,包括链回路控制信息等。这意味着 ATM 对不同的信息其传输的速率或带宽是不同的。适合于不同媒体信息的实时交换和传输。ATM 不参与任何数据链路层功能,将差错控制、流控制等都交给终端完成,具有高速的特点。正因如此,ATM 是 ITU-T 建议 BISDN 采用的信息传送方式。

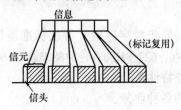

图 6-21 ATM 信元结构

8. IP 网和 Internet

所谓 IP 网,指的是那些以 IP 地址为信息传输基础,面向无连接的通信网络,包括企业网(Intranet)、局域网、广域网等。作为 IP 网的典型代表,Internet 是目前世界上最大的计算机网,也是路由器和专线构成的数据网。它可以通过电话网、分组网和局域网接入。Internet 以其丰富的网上资源、方便的浏览工具和快捷的电子邮件等特点得以在世界范围内迅速发展和普及,因此在 Internet 上开展多媒体业务吸引了很多人的注意。Internet 是一种面向无连接的通信网络,使用的通信协议为 TCP/IP。只要有了对方的 IP 地址,通过路由器就可以方便地把信息送到对方的终端。但是在目前带宽还不很宽的条件下，还不能保证多媒体通信业务所需的服务质量（QoS），包括传送带宽、传送时延、时延抖动、传送误码率等。关键是难以保证多媒体业务所需的实时性要求。目前正在开发一些新的补充协议，如实时传输协议（Real-time Transport Protocol，RTP）和资源保留协议（Resource Reservation Protocol，RSVP），以解决连续媒体的同步和实时传输问题。

表 6-2 对部分网络的特性进行了总结。

网 络 特 征 一 览　　　　　表 6-2

网 络	带宽（Mbit/s）	专用/共享	传输延时	广播
以太网	10	共享	随机	+
等时以太网	10 + 6	共享	固定 < 10ms	−
100Base – T	100	共享	随机	+
FDDI	$N \times 6$	共享	依赖配置 < 20ms	+
帧中继	< 50	专用	随机	+
ISDN	$n \times 0.64$	专用	固定 < 10ms	−
ATM	25 ~ 2048	专用	约束值 < 10ms	−
IP	Unlim.	专用	约束值 < 10ms	+

第五节　中国公共多媒体通信网（169）

上一节中讨论了现有网络对多媒体通信的支持情况。现有的通信网络尽管多多少少都能提供一定的多媒体业务，但都存在着一定的问题，比如带宽、延时、是否支持多站点通信等问题。比较而言，目前 IP 网的主干网速率在高速增长，接入网的速率也在提高，因而 IP 网上的业务从非实时走向实时，从窄带走向宽带，特别是 IP 寻址方式很容易与智能布线和局域网技术相结合，因此在 IP 网上运行的多媒体业务将能迅速发展，有可能成为通信网中的主流业务。

中国公众多媒体通信网就是一个基于上述思想而设计，并正在建设的多媒体通信网络。中国公众多媒体通信网由骨干网和省内网两层网络组成,如图 6-22 所示。

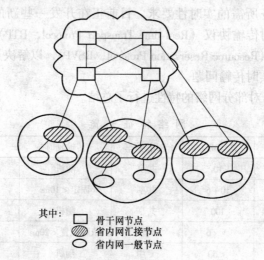

其中: □ 骨干网节点
　　　◇ 省内网汇接节点
　　　○ 省内网一般节点

图 6-22　多媒体通信网络结构

骨干网由采用全网状连接的骨干节点组成,构成多媒体通信网的骨干通道。省内网由省内节点组成。省内节点可分为汇接节点和一般节点两类。汇接节点负责与骨干网相联,彼此之间采用全网状连接,而一般节点则应以不少于两个方向的电路与汇接点相联。中国公众多媒体通信网采用上述网状结构中一种折中方案,如采用全网状连接,可使端到端之间网络结构简单,延时最小,有利于在网上开放实时的多媒体业务。但所有节点之间采用全网连接,当节点数目较大时,所有的连接电路的数目将按平方关系增长。

中国公众多媒体通信网是一个基于 IP 寻址的多媒体网,端到端之间的通信依靠 IP 地址实现寻址。中国公众多媒体通信网中 IP 地址的分配应遵循以下原则。

(1) 骨干网网络设备各占前两个 B 类地址;
(2) 省内网络设备使用本省 IP 地址的前段;

(3) 省内的 IP 地址应连续、省内在分配 IP 地址时连续分配，并应留有一定数量的 IP 地址；

(4) 宽带网 IP 地址将用保留段 IP 地址。

中国公众多媒体网中域名的解析工作由网内的域名服务器独立完成。由于中国公众多媒体网通过网关与 CHINANET 相连，因此网内站点的域名与网外站点的域名不能相同，即网内的域名不是独立的，必须申请合法域名。

中国公众多媒体信息网的组网方式有两种，通过路由器组网和通过 ATM 组网。采用传统的路由器方式组网存在的主要问题是多媒体业务一般通信量都很大。因而要求各骨干节点有很高的交换能力。对节点路由器而言，应具有 1Gbit/s 以上的交换能力，目前 Cisco 和 Ascend 等公司都推出了千兆比路由器。这些路由器具有足够的吞吐量，能够支持骨干网上大的信息量，能够支持目前所有的路由协议，易于与其他路由器连接，使网络结构简单。存在的问题主要是，路由选择引入的时延导致了端到端延时会比较大。支持一些时延要求非常严格的实时多媒体业务会有一定的困难。通过 ATM 组网可以充分利用 ATM 技术的优势，提供对多媒体业务的支持。但利用 ATM 组网也存在两大问题。首先，ATM 是面向连接的通信方式，而中国公众信息网则属于 IP 网，是无连接的，在一个面向连接的网上承载一个不是面向连接的业务，需要解决诸如呼叫建立。连接持续期等一系列的问题。其次，ATM 和 IP 的寻址地址不同。在 IP 网上端到端是以 IP 寻址的，而传送 IP 包的承载网（ATM 网）是以 ATM 地址来寻址的，必须解决 IP 地址和 ATM 地址之间的映射问题。目前解决上述问题的方案有两大类：迭加模式和集成模式。简化的迭加模式的过程如图 6-23 所示。

A 设置的 IP 地址在边缘设备中映射成 ATM 地址，IP 包据此传向另一端边缘设备，在边缘设备中重组 IP 包，发送给 B。迭加模式的优势在于 IP 业务只是 ATM 网承载的业务之一，ATM 的其他功能将不会受到任何影响。迭加模式最典型的有：经典

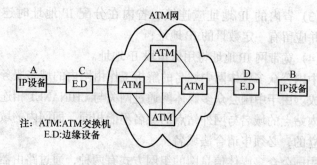

图 6-23 迭加模式

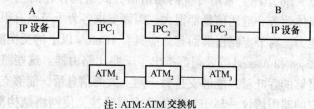

图 6-24 集成模式下的 IP 包的传递

ATM 上传送 IP（1POA，Classical overATM）和 ATM 上的多协议（MPOA，Multi Protocolover ATM）等。

集成模式是指 IP 网设备与 ATM 网设备集成在一起，即将 IP 选择路由的功能添加到 ATM 交换机中并将两者集成在一起如图 6-24 所示。A 设备要发送一个 IP 包到 B 设备，则首先将 IP 包发给与其直接相连的 IPC 上，由于 IPCI 路由器的功能，因此可以选择一系列路径将 IP 包送到 B。中间经过 AT Mll、ATM2、ATM3，ATM 为 IP 包提供了一条虚通路。当 A 发送到 B 的 IP 包数量较大时，在 IPC1 控制下，ATM1、ATM2、ATM3 之间快速建立一直通通道，使 IP 包能迅速的达到 B 端。

中国公共多媒体通信网对网络设备的要求主要有以下几点：

具有带宽预约功能，以使用户得到一定的 QoS 保证。采用的协议为 RSVP（Reservation Protocol 资源保留协议）。

提供多点组播功能。对于多媒体通信网来说，多点组播的用途日益广泛,如多媒体视频会议、点播电视等。为了节约网络资源。提高网络效率,要求网络中的节点设备要具有支持组播的功能,一方面相应的节点能够实现对输出信号拷贝的复制。另一方面节点设备要使用能支持组播的路由算法,如 DVMRP（Distance Vector Multicast Routing Protocol,距离矢量多目标广播协议）或 MOSPF（Multicast Open Shortest Path First,多目标广播开放最短路径优先协议）。

中国公众多媒体通信网还具有可管理性和 QoS 保证,因此需要完备的管理子网,主要要求用户接入论证管理系统,信息层论证和授权管理系统,系统资源管理和导航系统,计算与结算系统,域名解析系统和网管系统等等。

第六节　会议电视系统

一、概述

会议电视系统正在逐步走进人们的生活,改变人们的工作方式。实时的会议电视系统是两个或多个用户通过各自的终端同步的进行多媒体通信,其效果就如同大家在同一间会议室（虚拟会议室 Virtual meeting room）讨论交流。可以说会议电视为人们提供了一种经济、高效、快捷的工作方式。它使用户避免了长途旅行的劳累和时间、金钱的浪费,同时还可以面对面地进行交流,增进彼此的理解和信任。

多媒体会议电视系统需要连接数字通信网,包括集团内部的局域网 LAN、WAN、DDN, Internet, BISDN。可以采用微波,光缆和卫星传输方式。

目前,商品化的会议系统主要有以下三种类型：

（1）大型商业会议电视系统。该系统提供高质量的多点控制会议服务,配有高档摄像机,音响与显示设备,有高质量的多媒体效果。其代表是美国 Picturetel、Vtel 等公司的产品,使用 DDN

或专网，一般运行在 300kbit/s～2Mbit/s 速率范围内。国内的一些公司如大唐电信也推出了其大型商业会议电视系统 VC-4000。

(2) 桌面会议系统。以美国 Inter 公司的 Proshare 系列产品、以色列的 Vcon Online 系统为代表，可分为高档和低档两大类。较高档的通常在 DDN 与 ISDN 环境中运行，在 112～768kbit/s 速率下，可提供 25～30 帧每秒 CIF 或 QCIF 图像；低档的则通常在 LAN 或 WAN 环境中运行，在 384kbit/s 速率下，提供 15～20 帧每秒图像。

(3) 可视电话型。这类系统使用数字摄像机与专门的 PC 软件相结合，构成直接面向千家万户的多媒体会议电视系统。典型的系统是将美国 Connectix 公司的 Quick Cam 数字摄像机配以微软公司的 Net Meeting 软件构成的。该系统运行在普通公用电话网 PSTN 上，在 28.8kbit/s 或 33.6kbit/s 速率下，提供 5～10 帧 QCIF 格式图像。

我国的会议电视发展也很快，到 1995 年上半年，已建成公用会议电视骨干网，各地也积极兴建省级会议电视网。

二、会议电视系统的组成

会议电视系统主要由终端设备、传输信道（通信网）以及多点控制单元（Multipoint Control Unit，MCU）三部分组成，其中终端设备和 MCU 是会议电视系统所特有的部分。图 6-25 中给出了基于 H.320 的多点会议电视系统的组成。

1. 终端设备

会议电视终端设备将视频、音频、数据、信令等各种数字信号分别进行处理后组合成路复合的数字码流，再将其转变为与用户—网路接口兼容的、符合传输网络所规定的信道帧格式的信号送入信道进行传输。其功能主要有图 6-26 中所示的四项。

(1) 完成用户视频、音频和数据信号的输入与输出。一方面用户机听设备送来的模拟信号经 I/P 摸块数字化，变为数字视音频信号，另一方面将要送到用户视听设备去的数字视音频信号重

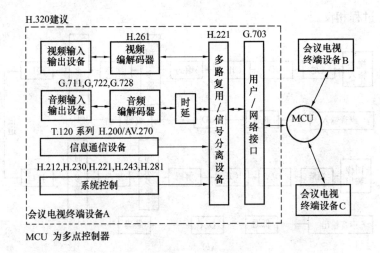

图 6-25 基于 H.320 的多点会议电视系统

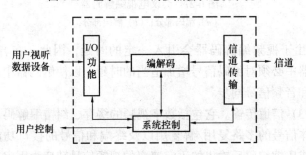

图 6-26 会议电视终端功能示意图

新转化为模拟信号输出。

(2) 对数字视频、音频信号进行压缩编解码。视频信号的压缩编解码必须按照 H.261 建议进行，音频信号的编解码可以选用 G.711，G.722 或 G.728 标准。视频、音频编解码器框图见图 6-27。模拟输入信号经亮色分离、模数转换、公共中间格式变换，生成中间格式（352×288），以便采用统一的信源编码算法进行压缩。音频信号经模/数转换和数据压缩后，与视频编码后的信号以及其他数字信号一起经数字复接送入信道。解码过程与编码过程相反。

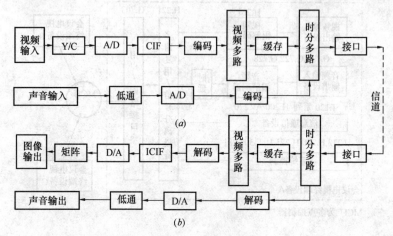

图 6-27 会议电视编解码器
(a) 编码部分；(b) 解码部分

由于视频编解码器会引入一定的时延，因此，在音频编、解码器中必须对编码信号增加适当的时延，以使解码器中的视频信号和音频信号同步。

(3) 信道传输。它包括数字视频的缓存、纠错编解码、对各种媒体信号的多路复用/解复用以及终端和信号的接口功能。缓存完成压缩编码后输出的不定速率的视频信号转变为固定速率信号的功能，多路复用将经纠错编码的固定速率的视频、音频、数据信号及控制信号合成为一路符合 H.221 帧结构的数字码流送往接口电路。接口电路根据信道的要求将数字码流转换为相应的码流。例如，E1 信道要求接口电路输出符合 G.703 标准的 HDB3 码。接收过程与上述发送过程正相反。

(4) 系统控制。系统控制完成对 I/O 模块，编解码模块，信道传输模块的控制作用，完成会议电视系统中信令的传送。

终端设备的基本配置见图 6-28。

2. MCU（Multipoint Control Unit）

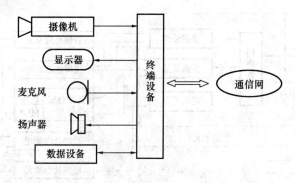

图 6-28 终端设备的基本配置

MCU 是会议电视系统的核心。其主要功能包括会议安排、会议进行过程中的控制操作、查询各分会场情况、故障诊断等。MCU 事实上是一个多媒体信息交换机,除上述功能外,还应实现多点呼叫和连接,实现音频、视频、数据、信令等数字信号的混合和切换,如混合多点的音频信号。从接收的各路视频信号中选出所需的一路视频信号,将它们与应送往各有关会场的数据信号相混合组成一个复合的输出信号。MCU 能支持 V.35、RS-449、E1、T1、G.732 网络接口,以及 64kbit/s 码速率的呼叫。它的端口一般为 8 或 12,可以接 8 或 12 个会场的终端设备(2Mbit/s)。MCU 符合 ITU-T H.231 规范,而 H.231 建议多点会议电视系统采用星型结构组网。MCU 能控制工作速率为 64kbit/s-2.048Mbit/s 的编解码器。MCU 结构如图 6-29 所示,包括:线路单元、音频处理单元、视频处理单元、控制处理单元、数据处理单元等几部分。

每个线路单元包括网络接口、多路分解、多路复接及呼叫控制四个主要模块。接口模块分输入和输出方向两部分,完成输入/输出码流的波形转换;多路分解模块检验输入数据流,将输入的码流中的视频、音频数据信号分别送到相应处理单元;多路复接模块复接各处理单元来的视频、音频及数据信号形成信道帧,以便输出到数据信道。音频处理器由语音代码转换器和语音

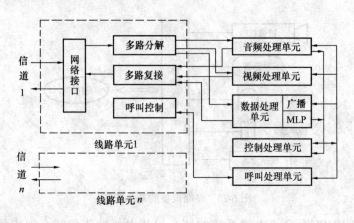

图 6-29　MCU 组成框图

混合模块组成,完成对各个不同终端产生的音频信号的迭加处理,插入到输出数据流中。视频处理单元目前只对信号进行切换选择,以便插入信道帧后分配到各个会场。控制处理单元负责正确地进行路由选择,混合或切换音频、视频、数据信号,并负责会议的控制。数据处理单元为可选单元,包括根据 H.243 建议的数据广播功能,以及按照 H.200/270 系列建议的多层协议（MLP）来完成数据信息的处理。

3. 传送设备与信道

传送会议电视的信道一般都利用数字微波、数字光纤或数字卫星等,在 PCM 二次群格（8Mbit/s）、三次群（34Mbit/s）或四次群（2Mbit/s）中占一个基群或更低码率的传输信道（如 384kbit/s、128kbit/s）。

三、会议电视系统的基本工作模式

会议电视系统工作时,各系统终端应将所在会场的主要场景、人物、图像、图片及与会者发言等,同时进行 A/D 转换、压缩编码,形成符合一定格式的数字流。按照会议电视的控制模式,经过数字通信系统,沿着指定方向进行传输;同时,各终端又通过数字通信系统实时接收并对所接收数字信号解压缩、解码，经 D/A 转换，显示欲知会场的主要场景、人物、图像、图片及声音等多媒体信息。

视频显示的转换控制通常有以下 3 种模式：

（1）语言激活（Voice Activated）模式：也称为自动模式，该模式根据各会场的发言情况，决定谁是"主发言人"，一并将他的有关多媒体信息转发到其他的会场。

（2）主席控制（Chair Control）模式：该模式下，参加会议的任意一方均可作为会议主席，控制会议的视频信息取自哪个会场，送往哪个会场。

（3）讲课模式：该模式下，各分会场同时观看主会场，而主会场则有选择地观看分会场的情况。

四、会议电视有关的协议标准

会议电视使用的多媒体信息在数字通信网上占有的带宽一般为 64kbit/s～2.048Mbit/s，远远低于广播电视的带宽。因此必须采用专门的视频图像和语音的编解码器。编解码器必须符合 ITU 的 H.320 建议，包括：

（1）视频信息标准

①ITU.H.261 建议（PX64）（视频编解码算法）；

②ITU.H.221 建议（视听电信业务中 64～1920kbit/s 信道的结构）；

③ITU.H.242 建议（利用 2Mbit/s 数字信道在视听终端之间建立通信系统）；

④ITU.H.2301 建议（视听系统的帧同步控制的指示信号）。

（2）音频信息标准

①ITU.G.711 建议（语音频率的脉码调制 PCMA 律、V 律）；

②ITU.G.722 建议语言算法了。

（3）数字通讯网接口选件标准

国际上系统支持以 56kbit/s-1.54Mbit/s 的 T1 范围的网络数据速率，同时也支持 E1 的 2.048Mbit/s 速率。一般标准为：

①RS-499 Serial Communication Internet;
②Dual V.35/X.21 Interface;
③Connection to El;
④Connection to T1。

国内主要考虑接口信道接口，支持：

·ITU.G.732 建议（工作在 2.048Mbit/s 下的基本 PCM 复用设备特性）；

·HDB 编码，数据速率达到 1.920Mbit/s。

五、H.323 会议电视系统

前面介绍的是在 ISDN 和其他线路变换网上使用的、基于 H.320 标准的会议电视系统，这是目前最成熟、应用最广泛的会议电视。随着网络技术的发展，特别是广域网（WAN）的普及。基于 LAN 和 WAN 的会议电视的研究和产品开发成为热点，ITU 在 1996 年颁布了 H.323 系列标准。就目前的发展趋势来看，基于 IP（Internet Protocol）的 H.323 会议电视系统必将随计算机通信和 Internet 的迅猛发展而得到普及。因此对 H.323 会议电视作一简要介绍。

H.323 的拓扑结构如图 6-30 所示，可见基本组成包括：H.323 终端（H.323 还可支持 V.70、H.324、H.322、H.320、H.321 和 H.310 标准）。H.323 网关、H.323 会务器和 H.323MCU。

H.323 终端是局域网上的客户设备，提供实时的双向通信，其结构见图 6-31。所有 H.323 终端必须支持 H.245 标准。H.245 标准是定义流程控制，加密和抖动管理，启动呼叫信号，磋商要使用的终端和终止呼叫等过程的多媒体通信控制协议。

当参与会议的各方不处于同一网络时，就需要利用网关来连接不同的网络。

会务器是 H.323 中最重要的部件，其作用类似一台虚拟交换机，一方面管辖区域里所有的呼叫，将终端别名和网关的 LAN 别名转换成 IP 或者网际信息交换协议（1PX, Internetwork Packet

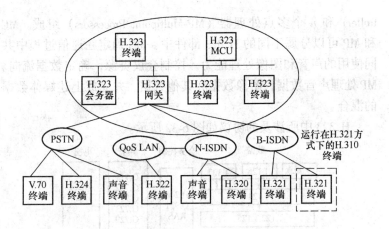

图 6-30　H.323 拓扑结构

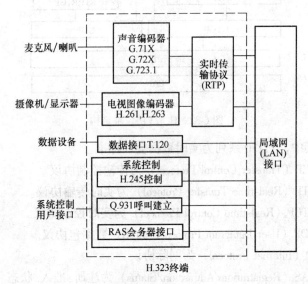

图 6-31　H.323 终端结构

Exchange）地址。另一方面为注册的端点提供故意呼叫控制。当网络上同时召开会议的数目超过预定值时。会务器将拒绝新的连接，以限制总的会议带宽。

　　H.323 中的多点在制单元由多点控制器（MC-Multipoint Controller）和 n 个多点处理器（MP-Multipoint Processors）组成。MC 和 MP 可以分属不同的 H.323 部件中。MC 确定在通信过程中共同使用的声音和图像处理能力，控制会议资源，确定数据流向。MP 处理声音数据，图像数据和其他数据，并完成上述媒体数据的混合。

H.323 中所涉及的协议如图 6-32 所示。

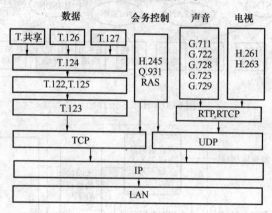

图 6-32　H.323 协议堆结构

其中，T.120 系列为实时数据会议标准。

TCP（Transfer Control Protocol）为传输控制协议。

RTP（Real-time Transfer Protocol）为实时传输协议。

RTCP（Real-time Control Protocol）为实时控制协议。

UDP（User Datagram Protocol）为用户数据包协议。

IP（Internet Protocol）为网际协议。

RAS（Registration/Admission/Status）为注册/准入/状态。

六、会议电视的应用

会议电视的应用领域十分广泛。远程医疗是会议电视在医疗方面的典型应用。远程医疗增加了医生和患者之间的直观交流；增加了对各种诊疗、医疗器械输出信息的处理；便于组织各地专家会诊，讨论医疗方案；有利于改变边远地区的医疗条件，提高那里的医疗水平。1995年起，代表我国卫生系统网络和多媒体应用水平的"金卫工程"正式起动，远程医疗是这一工程的重要方面。现在国内已建成有20多个远程医疗网。随着电信的发展，人们还可以通过家用多媒体终端与地区医疗信息网络相联，及时进行医疗咨询，得到健康教育和医疗保健指导。

会议电视还可用于远程教育，监控保安系统、商业金融等众多领域。利用会议电视可以实现在家上班，在家上学，在家购物……将家庭变为一个多功能场所，提高人们的工作效率和生活质量。

第七节 可视电话

利用电话线传送图像与传统电话相结合构成的可视电话系统，满足了人们长期以来打电话"既闻其声，又见其人"的愿望。它是最早实现的多媒体通信。早在20世纪60年代后期到20世纪70年代可视电话的研制和应用曾经形成热点，在当时技术水平下的传输线路、交换系统以及可视电话的价格等因素限制了可视电话的应用。近年来随着ISDN的商业化和多媒体技术的迅速发展，可视电话的应用研究重又活跃起来。

可视电话从概念上可作以下划分：在模拟通信网络上传输静态图像的电话称为可视电话，而在模拟通信网和数字网上传输动态或准动态图像又称为电视电话。其图像传输速率为1~15帧/s，有时这两种系统统称为可视电话系统。

一、可视电话系统的组成原理

用于不同网络的可视电话系统采用的标准各不相同。基于ISDN网络的会议电视，其码速率为PX64kbit/s，P可取1~30；当P为1和2时，即码速率为64kbit/s和128kbit/s，可传送可视电话。

在此我们讨论另一类是基于 PSTN 网的、遵循 H.324 标准的可视电话系统，见图 6-33。

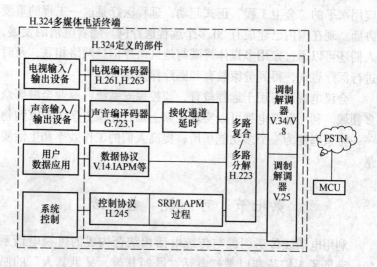

图 6-33　H.324 可视电话系统框图

H.324 可视电话系统由 H.324 多媒体电话终端、PSTN 网络、多点控制设备（MCU）和其他的输入/输出部件组成。

二、H.324 多媒体电话终端

H.324 多媒体电话终端中的模块可分为 H.324 自身定义的模块和非 H.324 定义的模块两大类。由 H.324 本身定义的模块有：

（1）图像编译码器。其工作原理如下：①系统传输静态图像时，对由摄像机送来的图像信号进行 A/D 变换后，作为一帧画面高速写入帧存储器中。该静止图像以低速读出，经信源编码、信道编码和调制后送到电话线上传送。②在收端，经解调的信号，通过信道解码和信源编码恢复出原来的数字信号，送入帧存储器后，以高速读出，D/A 变换后就能在显示器上出现原来的静止图像。由此可见，可把电话系统中图像信号处理器的功能如图 6-34 所示。

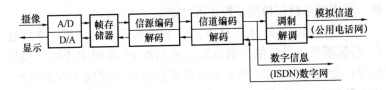

图 6-34 可视电话图像处理部分功能框图

由于在一条线路上传输图像和语音,传输静止图像时,语音中断,因此要求图像传输速度尽可能快,以减少语音中断时间。这可以通过以下两种方法解决:

1) 图像处理:通过图像压缩编码技术和在允许的图像质量条件下降低图像分辨率两种途径来减少 1 帧图像的字节数,从而减少 1 帧图像传送所需时间。

2) 通信处理:选用振幅—相位调制(AM-PM)、正交幅度调制(QAM)、脉冲宽度调制(PWM)等高速调制方式,实现高速数据传输。

(2) 声音编译码器。由于图像信号处理所引入的时延较大,为保证在电视上显示的图像与声音同步,在声音编译器与多路复合/多路分解之间加有"接收通道延时"模块。

(3) 数据协议(V.14,LAPM 等)。该协议支持的数据应用有电子白板(Electrinic White Boards)、静态图像传输、数据库访问、远程设备控制网络协议等。标准化的数据应用包括 T.120(用于实时的数据加声音的声图远程会议)、T.80(用于简单的点对点静态文件传输)、T.434(用于简单的点对点文件传输)、T.224/H.821(用于远端摄像机控制)、ISO/IECTR9577 网络协议使用缓存的 LAPM/V.42 的用户数据库传输。

(4) 控制协议(H.245)。多媒体通信控制协议 H.245 提供了 H.324 终端之间的通信控制,它定义流程控制、加密、抖动管理以及用于启动呼叫、磋商双方要使用特性和终止呼叫等。

(5) 多路复合/分解(H.223)。它除提供媒体数据流及控制流到单一数据流的复合及其逆过程(分解)外,还提供逻辑分帧、顺序编号错误检测及校正等功能。

（6）调制解调器（V.34/V.8）。发送时调制解调器将多路复合/分解模块送来的单一数据转换成能在 PSTN 网中传输的模拟信号；接收时将 PSTN 网送来的模拟信号转换成同步数据位流，供多路复合/分解模块处理。

非 H.324 定义的模块有：

1) 图像输入输出设备：摄像机，监视器及其控制部件。
2) 声音输入/输出设备：麦克风，喇叭及常规电话用到的部件。
3) 数据应用设备（如计算机）及非标准化的数据应用协议。
4) PSTN 网络接口。
5) 用户系统控制、用户界面和操作等模块。

三、可视电话的发展方向

由于有模拟信道和数字信道两种不同的信道可以选用，因此可视电话技术出现了以下两种发展方向。

1. 基于 ISDN 的发展

ISDN 基本速率接口可以为可视电话提供几倍于模拟话路的带宽，而通信费用两者相差无几。目前，通信发达国家开发的可视电话大都是以 ISDN 作为传输媒体的。如日本日立、NTT、三菱等公司都研制出按 H.216 标准进行图像信号压缩编解码的可视电话机，有的产品传 176×144 像素的图像最高帧率为 15 帧/s；传 352×288 像素的图像最高帧率为 10 帧/s。美国、英国、德国等国家也都开发了 ISDN 可视电话。ISDN 可视电话的通信质量好，图像传输帧率高，更易于实现彩色动态图像传输速率，制式有统一的国际标准，但其发展还要受 ISDN 普及程度的限制。

2. 基于 PSTN 的发展

PSTN 是最早普及的通信网络，因此，最早的可视电话就是以 PSTN 为传输媒介的。PSTN 可视电话，只使用一条模拟话路即可提供通话人黑白甚至是彩色的活动图像。美国 AT&T 公司在

1992年就推出了这类可视电话机——Video Phone 2500。

目前，PC发展迅速，大规模地进入办公室和家庭。这为一类新型的可视电话——多媒体可视电话的发展提供了物质和社会基础，多媒体可视电话运作于PSTN，基于PC平台，符合国际标准，前途不可限量。其主要技术难点在于：甚低比特率条件下的图像，语音编解码技术，高速调制解调技术和系统组织技术等。

四、国际标准

一个系统要推广普及，就必须遵循统一的国际标准，可视电话也不例外。多媒体可视电话系统应符合国际电信联盟制定的甚低比特率多媒体通信标准H.324。其中涉及的主要标准有：

（1）H.263建议——甚低比特率视频编解码标准。它采取了以下四种先进技术：

1）无限制的运用运动矢量模式（Unrestricted Motion Vetion Mode）。

2）基于语法的算术编码模式（Syntax-based Arithmetic Coding Mode）。

3）先进的预测模式（Advanced Prediction Mode）。

4）PB帧模式（PB—frames Mode）。

在与H.261同样图像质量条件下，码流速率可降低到H.261的1/4~1/3。

H.263建议支持下列格式的全运动彩色视频图像信号。①CIF格式，每帧为352×288像素；②QCIF格式，每帧为176×144像素；③Sub—QCIF格式，每帧为128×96像素。为使活动图像达到一定的质量，一般解码后CIF格式的帧速率为12.5帧/s，QCIF帧速率为7.5~15帧/s。

（2）G723.1建议——甚低比特率音频压缩编解码标准。该建议提出了实现5.3kbit/s的双速率编码方法，可达到8比特的PCM单编码效果。

在28.8kbit/s的速率下，如果图像部分使用20kbit/s的带宽，语音部分仅使用 5.3kbit/s 或 6.3kbit/s 的带宽,就可实现甚低比特率可视电话系统。

(3) V.34 和 V.81/V.8 标准。这是多媒体可视电话系统的调制、解调的标准。按照该标准可以实现 28.8kbit/s 或 33.6kbit/s 的 Modem。

此外,多媒体可视电话还涉及另外一些标准:

T.84,关于点对点静态图像传输的协议;

T.434,关于点对点文件交换的协议;

H.224/H.281,关于远端设备控制的协议;

ISO/IEC TR9577,关于 PPP(Peer-peer Protocol)和 IP(Internet Protocol)网络协议;

H.223,关于数据混合复用和误码控制等方面的协议。

H.254,关于系统监视与控制方面的协议等。

参 考 文 献

1. 陆宏琦、韩宁．智能建筑通信网络系统．北京：人民邮电出版社，2001
2. 陈红．建筑通信与网络技术．北京：机械工业出版社，2004
3. 马海武、张继荣．智能建筑通信系统与网络．北京：人民交通出版社，2002
4. 储钟圻．现代通信新技术．北京：机械工业出版社，1998
5. 储钟圻．现代通信新技术．北京：机械工业出版社，2004
6. 孙友伟．现代通信新技术．北京：北京邮电大学出版社，2004
7. 达新宇．现代通信新技术．西安：西安电子科技大学出版社，2001
8. 张新政．现代通信系统原理．北京：电子工业出版社，1995
9. 李建新、刘乃安．现代通信系统分析与仿真．西安：西安电子科技大学出版社，2000
10. 郭维．现代通信系统集成电路使用手册．北京：电子工业出版社，1995
11. 高健．现代通信系统．北京：机械工业出版社，2001
12. 李忠源．现代通信系统与技术．北京：中央广播电视大学出版社，2000
13. 牛忠霞．现代通信系统．北京：国防工业出版社，2003
14. 陈永甫 谭秀华．现代通信系统和信息网．北京：电子工业出版社，1996
15. ［美］普罗基斯（Proakis, J. G.）．现代通信系统：应用 MATLAB．北京：科学出版社，2003
16. ［美］普罗克斯．现代通信系统（第二版）（MATLAB 版）．北京：电子工业出版社，2005
17. ［加］布莱克（Blake, R.）．现代通信系统（第二版）．北京：电子工业出版社，2003
18. 张会生．现代通信系统原理．北京：高等教育出版社，2004